The Emotionally Exhausted Woman

情绪疲惫的你

[美]南希·科利尔 —— 著　薛玮 —— 译

浙江人民出版社

THE EMOTIONALLY EXHAUSTED WOMAN: WHY YOU'RE FEELING DEPLETED AND HOW TO GET WHAT YOU NEED by NANCY COLIER

Copyright ©2022 by Nancy Colier

This edition arranged with LINDA KONNER LITERARY AGENCY c/o Books Crossing Borders, Inc. through BIG APPLE AGENCY, LABUAN, MALAYSIA.

Simplified Chinese edition copyright: 2024 ZHEJIANG PEOPLE'S PUBLISHING HOUSE

All rights reserved.

浙江省版权局著作权合同登记章
图字：11-2023-224 号

图书在版编目（CIP）数据

情绪疲惫的你 /（美）南希·科利尔著；薛玮译.

杭州：浙江人民出版社，2024.7. — ISBN 978-7-213-11374-1

I. B842.6-49

中国国家版本馆CIP数据核字第20240133VG号

情绪疲惫的你
QINGXU PIBEI DE NI
[美]南希·科利尔 著 薛玮 译

出版发行：浙江人民出版社（杭州市环城北路 177 号 邮编 310006）
　　　　　市场部电话：（0571）85061682　85176516
责任编辑：陈　源
特约编辑：孙汉果
营销编辑：陈芊如
责任校对：何培玉
责任印务：幸天骄
封面设计：尚燕平
电脑制版：北京之江文化传媒有限公司
印　　刷：杭州丰源印刷有限公司
开　　本：880 毫米×1230 毫米　1/32　　印　张：7.5
字　　数：119 千字　　　　　　　　　　　插　页：2
版　　次：2024 年 7 月第 1 版　　　　　　印　次：2024 年 7 月第 1 次印刷
书　　号：ISBN 978-7-213-11374-1
定　　价：58.00 元

如发现印装质量问题，影响阅读，请与市场部联系调换。

献给朱丽叶、格雷琴和弗雷德里克

赞　誉

　　这本书就像一个邀请——它邀请女性将自我照顾的内心工作重新想象成一条神圣的道路。它告诉我们，女性充满智慧和灵感，有无穷的创造力、活力和同情心，女性要去发现更本真的自己。

　　　　　　　　——塔拉·布莱克（Tara Brach）
　　　　　　　　《全然接受这样的我》一书作者

不要小瞧这本薄薄的书。在不太长的篇幅里，南希·科利尔用她作为心理治疗师的洞察力，动摇了我们的舒适圈，揭露了女性情绪疲惫的根源。她教你如何甩掉"好女孩"的头衔，自信地表达你的需求，挖掘你内心的自我，以恢复你的能量。

——莱斯利·简·西摩（Lesley Jane Seymour）
CoveyClub 创始人

"谁在关心你？"是这本书的第一句话。南希·科利尔带我们踏上了一段自我寻找的旅程。当我们开始审视内心，感受自己的感受，最重要的是为自己说话，找回我们真实而诚实的生活。这是一本值得反复品读的书！

——莎伦·萨尔茨伯格（Sharon Salzberg）
《真正的幸福》一书的作者

没有一个女人能逃过这本书。它就是在讲你，讲我，讲我们身边每一位女性的故事。这是治疗师兼精神导师的南希·科利尔给现代女性的心灵慰藉之书。当我们陷入无休止的忙碌和疲惫，除了泡泡

赞誉

浴和绿色果汁，还有什么能抚慰我们的内心？科利尔的见解充满智慧且有效，能帮助我们从枯竭到充满活力，而且是从身体、思想和精神上。这是一份邀请，邀请你以一种治愈和有影响力的方式与最好的自己建立联系。请你握住她的手，跟着她进入自我发现之旅。

——克丽丝滕·诺艾尔（Kristen Noel）
Best Self Magazine 杂志主编

如果你总是因为照顾别人的需求而疲惫不堪，如果你总是因为讨好他人而疲惫不堪，如果你与自己真正想要和需要的东西失去了联结……那么，请打开这本书，它将改变你的生活方式！南希·科利尔用同理心、洞察力和幽默感带领我们从内而外地关注自己，从而过上真实的生活。

——阿加皮·斯达西诺鲍罗斯（Agapi Stassinopoulos）
《与精神对话》一书的作者

在这本书中，南希·科利尔与我们所有女性进行了交谈，让我们了解了自己身上最重要的信息，即除非我们精疲力尽，否则我们会一直认为自己做得还不够。这本书提醒我们改变那些旧有模式，告诉我们，我们天生就值得被爱，值得自我照顾以及放松生活。

——泰贝莎·马帕米拉（Tabitha Mpamira）
Mutera Global Healing 创始人

真的很鼓舞人心！科利尔带领我们全身心地去发现最深层的自我，找回真实的自我，而不是那个取悦别人的自我。这才是自我照顾的最佳方式。

——丹尼尔·利切里奥（Daniela Ligiero）博士
Together for Girls 首席执行官

引 言

谁在关心你？

我曾采访过很多女性朋友，也问过她们很多问题，其中有一个问题总是会让她们落泪，那就是：谁在关心你？听到这个问题，她们常常会落下泪来，哭完后直截了当地告诉我，"没有人"。

你是不是也觉得没人关心你，更糟的是，你自己都不关心自己——或者说关心的方式不对。虽然人们的社会环境、教育背景、经济状况和种族各不相同，但大多数女性有着同样的感受。"就像身上连了条脐带，但它是单向输送营养——向外输送。"女性一生都在满足别人的需要,她们总是照顾别人,还要做好女孩,要让自己变得更完美,但这些事情的代价往往是自己的需求未得到满足。

你是不是也这样呢?在别人需要时及时出现,能预见他们需要什么并满足他们,还要扛住他们情绪的负担,从情感上、身体上和精神上奉献自己的一切,毫无保留。在这个过程中,你是否放弃了自己的需求,背离了自己内心真实而重要的东西?你是不是把取悦别人当作活着的首要任务?其实从根本上说,你需要一种新的生活方式,一种能让你做真正的自己,能满足你自己需求的生活方式。

也许你需要很长时间才能意识到你的情绪耗竭问题,而且你可能已经想出了一系列的策略来应对它,或者是麻痹自己,让自己察觉不到问题。在某种程度上,你甚至已经接受了这样的事实:你的需求不可能得到满足,你也不可能在做自己的同时又让别人满意。

那么,女性有哪些需求没得到满足呢?为什么女性会长期疲惫不堪?虽然每个女性的渴望和欲求不尽相同,但有一些需求,如果没得到满足,就会造成女性情绪上的疲惫和与自我的脱节,这也是许多女性的常态。

撇开性别和身份不谈,人都有一个共同的渴望——渴望被看到、被了解。更确切地说，我们不仅仅渴望别人是因为我们做了什么、付出了什么而看到并了解我们，我们更希望真实的自己被看到。我们渴望能忠于本心，能真实地活着，这样我们的外部经验就能与内心感受一致；我们想过一种不被他人与社会的期待所左右，由真实感受引导的生活。

最后，或许是最普遍的期待，那就是我们每个人都渴望被爱、被接纳——不带批评和评判——这是感受自己真正被关心的关键。我们渴望这种联系不仅来自他人，也能来自自己。如果这些需求没得到满足，或者说满足不够，我们最终就会陷入情绪耗竭。

在阅读本书之前，你不妨问问自己：你渴望什么，缺少什么，经历了什么，你的情绪疲惫到了什么程度？是什么驱动你拿起这本书？你心中有什么需求未得到满足？

有时，情绪疲惫的感觉无可避免，而且会很强烈。有时，它则若隐若现，你能隐隐感受到不满、残缺，觉得很空虚。总之，你很难用语言来描述出这种疲惫的感觉，但你还是能感觉到它。

身体上的疲惫对应的是肉体，情绪上的疲惫对应的是内心和精神。情绪疲惫有许多不同的表现形式：抑郁、焦虑、沮丧、无望、愤怒、疲劳、成瘾、头痛、慢性疼痛和失眠……任何一种都可能是情绪疲惫,甚至是情绪耗竭的表现。要想找回能量,重新连接生命的活力,我们首先得了解情绪耗竭的原因。因为,要想解决问题,首先得知道哪里出了问题——要想发掘我们真正的力量,首先得知道是什么阻碍了我们。

我写这本书是出于好奇和担忧。我与女性来访者打了数十年的交道,访谈过无数女性,我很想知道:为什么有那么多的女性会感到情绪疲惫?会觉得自己像戴了个面具,总在讨好别人,无法做自己(过去是这样,将来大概也是如此,虽然她们可以做自己)?为什么有那么多的女性感到与自己的真实需求、真实身份失去联系,情绪上得不到更深层次的滋养?但相比这些"为什么",我更多的是担忧,我想知道,我们能做些什么——如何才能重新发现自己,重燃内在的生命力?

我们的文化传达给我们的价值观是:每个人都是有价值的,每个人的需求也是合情合理的,每个人都有权利表达自己的感受。确实,从表面上看,我们的社会鼓励每个人做自己,珍视自己的独特之处。是的,大胆一点——做你自己!你就是你!但这些都是表面现象,在更深的层面上，这种做自己的生活方式与女性一直以来所受到的教导完全相悖。

现实情况是，整个社会一直在否定和贬低女性的需求，而且还嘲笑公开表达需求的女性，给她们贴上负面标签，同时又把那些看似没有需求、愿意自我牺牲的女性当作理想的对象去表扬……这些行为最终导致女性也开始批评和否定自己的需求，就像社会所期待的那样。现在，你不妨停下来想一想你的生活：别人是如何否定你的真实感受的？你是不是也参与其中？具体是如何参与的？

尽管女性在工作、家庭、社会活动、政治舞台等许多方面都取得了进步，但许多女性仍然认为她们不该有需求，也许零零星星地有一些微不足道的需求是可以的，但不能是真正的需求，也不能给别人添麻烦。因为，有需求会被视为一种失败，就像女性做的大多数事情一样，如果出现了问题，那就是身为女性的失败。

本书旨在帮助你认识到自己的需求，更重要的是，认识到你与自身需求之间的关系。它会告诉你，如何由内而外地关心自己，而不仅仅是做表面文章。它是一本带领你激发自己内在活力、找回真实状态的指南，而不是简单地告诉你去依赖另一半，或某种护肤品和保养品，或一个自我提升的计划。我的目标是帮助你把注意力从照顾别人转移到照顾自己上来，并且是以一种全新的方式（当然，这并不意味着你不关心别人）。

你会在书中看到一种完全不同的自我照顾的方法，它与目前的自我照顾行业所兜售的、号称"立竿见影"的方法不同。那种方法只治标不治本，而本书的方法则更深入、更可靠。我相信，它会一直有用。但我想提醒你：如果你决定踏上这趟旅程，请准备好迎接你自己，发掘出隐藏在你所扮演的所有角色之下的你；准备好适应一个没那么讨人喜欢的自己。总之，请准备好做出改变。

我的初衷是鼓励你去掌控自己的生活，不要一味地取悦别人，不要一味地扮演他人需要你扮演的角色。你要勇于看见自己，敢于说出自己的想法，活出真实的自己。

本书还会帮助你去发现你到底是谁——除了讨人喜欢的那一面。归根结底，本书讲的是如何成为这样的女性：认为喜欢自己比讨别人喜欢更重要。如果你觉得你想要、也需要这些内容，如果你愿意做出改变，那么总有一天，你会相信自己的认知并坚定地站在自己这边。

这趟阅读之旅的核心是察觉。通过你的研究，你会察觉自己作为一个女人所假设的真相，你一直持有的关于自己需求的核心信念，以及你所经历的来自社会、家庭、教育、媒体和其他任何地方的制约。这些制约会潜移默化地影响你，让你逐渐接受这一切，而不是忠于自己的内心。你会发现，你已经形成了这样的模式：牺牲自己的需要以照顾和满足别人的需要——压抑真实的自己以取悦别人。

请记住，只要让光照进你内心的阴暗处，只要你去察觉你内心发生了什么，同时努力理解这本书的内容，你就是在努力，在改变。

在本书中，我讲述了情绪疲惫是怎样的感觉以及它产生的原因。我打开了名叫"取悦他人"的樊笼，想一探究竟。我发现，在这个笼子里，我们总想（而且感觉自己必须）讨别人喜欢，以获得一种安全感，觉得这样就不会被评判、拒绝。我还研究了构成这个笼子的每一条栏杆，以及女性为了把自己关在笼子里、让自己讨人喜欢而采取的一些行为。你会发现，女性以各种各样的方式抛弃了自己，却以为是在照顾自己。

我将带领你穿越危险又痛苦的重重障碍，这些障碍是文化强加于女性身上（也是女性强加于自己身上的）的论断、批评和标签，比如"难搞""难伺候""控制狂"……这些标签会让女性觉得不安全，迫使女性保持沉默并压抑自己的需求。我还研究了童年家庭环境的影响——你的照顾者如何回应你的需求，这又如何塑造和扭曲了你自己的信念和你满足自我需求的方式。

我还剖析了核心信念（core beliefs）[①]——那些萦绕你头脑中的"真相"和"现实"，塑造并左右着你的行为，它会让你感到内疚、羞愧，会让我们评判自己，如果它一直躲在阴影中，就会继续阻碍你去满足自己的需求。

书的后半部分深入研究了市值高达110亿美元的自我照顾行业，事实上该行业并不能解决或改善女性的情绪疲惫问题。

你可能会问，你有什么好的解决方案吗？有的。这是一种完全不同的照顾自己的方法，它切实可行，指引你去照顾自己，做真正的自己。它能让你说出你的真实感受，而不是一味地讨好别人。这本书会引导你成为这样的女性——她明白，她的感受还有她自己都很重要；她尊重并关注自己的需求，相信自己的认识；她会毫不动摇地站在自己这一边。

[①] 核心信念指我们根植于头脑中有关自我、他人和世界的基本假设。它指导着我们的行为，影响个体如何看待自己，感知环境与人际关系。——编者注

引 言

如果你仍选择阅读这本书，我猜你肯定也察觉到了情绪上的疲惫，觉得自己未能以一种有意义的方式关注自己，觉得自己的需求未得到满足，或者不知道自己的需求是什么。也许你很向往一种更真实、更有活力的生活。无论如何，只要你没放下这本书，这就是好消息。

说起来容易做起来难，想要成为一个自信、忠于自己内心且明白自己需求的女性，并不容易。事实上，这么做要冒很多风险。比如，我们得面对严苛的评判……男性和女性（包括我们自己）都会对我们的真实自我加以评判。我们的条件反射教会我们，要确保没人不高兴，但这往往与内心强大、要被看见、要做到真正的诚实等这些品质相背离。于是，收起我们的需求和感受，专注于让别人快乐似乎是更保险、更明智的选择。

但事实是：你不必为了照顾好自己而抛弃你爱的人，你也不必为了安全和快乐而放弃真实的自己。多年来，我陪伴了无数女性（她们有很多跟你一样）走过了我认为对于女性来说最重要的旅程：从你以为大家都希望你成为的人，到成为你自己。这是一个将重心与方向转向内心的过程，是一次"归乡"。

无论见证过多少次这样的蜕变——女性找到自己真正

的声音、真正的需要、真正的力量和真正的自我，以自己独特的风格——每次我都感觉像是在目睹一个奇迹，而且我也经历了一次蜕变。对于这个过程的敬畏感是我写这本书的根本原因。

我想邀请你仔细阅读这本书，不要着急。思考一下，你作为女性在这个社会中是什么样子的，你面临哪些来自内心和外部的挑战。审视一下你是如何被女性标签所塑造、束缚或限制的。密切关注你与自身需求的关系，以及你是如何重视（或看轻）你的需求的。你可能会问："但我该怎么做呢？做了感觉如何呢？该从哪里入手呢？"答案很简单，你只需要理解并吸收书中的内容，允许它进入你的意识，让它以适合你的方式进入你的体验。

我们可以，而且必须一起面对这个问题，这样才能带来大的改变。我鼓励你与其他女性一起，从个人层面以及文化层面认识到这个问题。

如果你决定踏上这段旅程，那我想请你帮个忙：答应我，你不会因为一路上的发现而责怪自己，并且自始至终要站在自己这边。书中的内容有着怎样的意义，取决于你，因为并没有标准的理解方式。但请你一定要去理解它们，一定要切实地去做，不要只停留于想法，不要只是把它写在任务清单上而已。

要脚踏实地把它用在你的生活中（即使你从未告诉任何人你正在这样做）。哪些办法有用就用哪些，没用的就摒弃掉；不是所有方法都对你有用，因为你就是你，你与其他人不同，你的感受是独一无二的。请把阅读本书看作一种练习，一种深入倾听自己的感受，并尊重你所发现一切真相的练习。

目 录

第一章
我们去哪儿了——讨好的樊笼 / 001

第二章
文化对女性的禁锢 / 019

第三章
家庭对女性的影响 / 049

第四章
核心信念 / 077

第五章
那些自我照顾的"方法" / 105

第六章
自我照顾是通往深层次需求的一扇门 / 125

第七章
接纳自己的全部 / 141

第八章
找回自我 / 159

第九章
说出你的真实感受 / 177

第十章
写下你自己的故事 / 195

第十一章
给自己补给：忠于本心 / 207

致　谢 / 217

第一章

我们去哪儿了——讨好的樊笼

米兰达①（化名）聪明迷人，非常讨人喜欢。尽管如此，你仍然能明显感觉她身上有种疲惫甚至是压抑的气息。"她看起来就像一只被关在镀金鸟笼里的金丝雀。"在初次来访的米兰达离开我的办公室后，我记下了这么一句话，现在我还记得她。

优雅时尚、能说会道的米兰达今年46岁，是两个孩子的母亲，很有魅力，事业也非常成功，但她迫切地需要帮助，因为她想过上更勇敢、更忠于内心的生活。但更耐人

---

① 文中所有来访者的名字均为化名。——编者注

寻味的是：她很清楚，哪怕这样可能会失去"一味地取悦别人所带来的种种好处和回报"。当时我并没意识到，正是这句话让我产生了写这本书的念头。

米兰达既是尽职尽责的母亲、体贴入微的妻子、兢兢业业的律师、照顾年迈父母的好女儿，也是忠实的朋友，总之，你可以称她为理想的现代女性。但在扮演这些角色的同时，她失去了自己的渴望和需求，与她需要成为的自己——无须考虑别人的自己，断了联系。她自己的渴望也消失了，因为这些渴望与她所照顾的那些人没有任何关系。

在外人眼中，米兰达过的正是我们大多数人想要的生活。她取得了社会告诉我们应该取得的一切成就，成为社会普遍认为的成功人士。但她觉得，在内心深处，她与自己最重要的东西——她称之为"真正的自我"，是割裂的。她感到自己真正的活力和力量被溶解掉了。现在，她已经厌倦了得体和不断讨别人喜欢的生活，她需要一些"不得体"的指导，以及一张"归乡"的路线图。她想靠近那些她称之为"我"的东西。

但从小到大，米兰达一直都在学习怎样才能讨人喜欢；她害怕说出自己的需求，也担心放弃讨好他人会让她失去对她来说重要的一切：婚姻、事业、朋友，甚至是作为一

第一章 我们去哪儿了——讨好的樊笼

个好母亲的身份。她觉得不迎合别人是不明智的做法，会让她觉得不安全。她明确表示，她不希望我把她变成"一个与几只猫相依为命的女人……自己照顾自己，孤苦伶仃，没有归属感"。米兰达在情感上疲惫不堪，没有丝毫的满足感，但同时她也非常怀疑，如果放弃取悦别人，那她的生活会更好、更有意义吗？

讨好的樊笼

归属感是人类最原始的需求，因为它关系到我们的生存。在群体中找到归属感意味着别人不会遗弃我们，不会见死不救。但归属感不仅仅指身体免受伤害的安全感，也包括情感上的安全感，即被接受、被重视、被爱。我们需要归属感，才能在情感和心理上保持完整。尽管人类已经走出森林，也不需要群体来保护我们不被吃掉，但我们仍然需要归属感，它仍然是人类一切行为的核心。它仍然驱动着我们。

但问题就出在这里：作为女性，我们知道，获得归属感的最佳策略，也是生存的最佳策略，就是要让自己讨人喜欢，成为别人希望我们成为的人。于是，讨好就成了我们的驱动力,成了指挥我们行为的控制系统。被喜欢意味着被接纳、被需要。然而,这种驱动力虽然从许多方面来看是有用的,能保护我们,却也成了束缚着我们的樊笼。在这个笼子里,我们开始管理和控制自己的行为,调整自己的愿望和需求,压抑自己的个性,努力取悦别人,到最后我们会以为自己本来就是如此。

那些陈词滥调

挖掘女性疲惫的根源非常之难。每每讨论到这个话题,我们总会陷入一套老旧的说辞中——她们累是因为她们包揽得太多了。于是,我们很快就会联想到A型人格的女强人,她们超级能干,无论是在办公室、卧室、厨房,还是在家长会上都表现得精力充沛。我们会设想这样的女性永远不会说"不",从不为自己要求什么,也没得到过什么。由于我们已经内化了这样的刻板印象,所以当听到女性说自己感到心力交瘁时,我们会习惯性地把原因归咎于女性自身——要怪就怪她们没照顾好自己。重点在于,肯定还会有人说,"你的需求没得到满足多半是你自己的错"。在探究你自己的情绪疲惫时,我奉劝你千万别听信这种言论。

第一章 我们去哪儿了——讨好的樊笼

感到疲惫不是你的错,哪怕你是个女强人。

"是你们女人自己要做那么多的"之类的陈词滥调很具有欺骗性,再加上女性的情绪疲惫问题本身就错综复杂,因而我们很难找到疲惫的根源。女性想要重新审视自己的需求,发掘情绪疲惫的根源,并弄明白为什么自己会长期如此,这并不简单。想要找到更高明的办法来应对情绪疲惫的状态,这同样具有挑战性。买个毛绒抱枕,痛痛快快地泡个澡,这也许是你现在缓解疲惫的办法。毕竟,与探究你内心有哪些渴求没得到满足相比,这些"治标不治本"的办法要省得多。

事实上,当涉及满足我们的需求,或者照顾我们自己的需求时,我们女性总是处于不利地位。因为一谈到照顾自己,无论它只是个想法,还是已经付诸行动,都与社会灌输给女性根深蒂固的观念相悖:女性应该无私奉献、牺牲自我。它也与那些不断提醒着女性不该为自己着想的信息相悖,而这样的信息无处不在。"我是谁"与"我应该是谁"之间的鸿沟,或者说"我应该需要什么"与"我实际上需要什么"之间的鸿沟,正是女性情绪疲惫的罪魁祸首。

完美女性

在我十几岁时,我的叔叔给我讲了一个故事,也正是这个故事引起了我对女性问题的兴趣。故事的主人公是叔叔相识多年的朋友与他的妻子。这位朋友经常晚上偷溜出去找乐子;去酒吧跟他的酒肉朋友以及很多女人们鬼混在一起。偶尔想起来他会给妻子打个电话,大概是为了告诉她自己在哪儿。妻子接到电话时总会说同样的话:"不管你几点回来,我都等你。"这句话正是叔叔讲述的重点。到现在我还清楚地记得家里男人们的反应,他们对这位妻子赞不绝口。"哇!"还有个人问,"上哪儿能娶到这样完美的女人?"甚至还有个男人问叔叔,这位妻子有没有姐妹。

尽管我们的社会已经进步了很多,但完美女性的观念仍然普遍存在且根深蒂固。你心中的完美女性是怎样的?她是否坚强、美丽、聪明、健康、乐于助人、自信、慷慨、有爱心、善良、宽容、自我牺牲?她是否能满足所有人的需求,自己却一无所求?她是否是因为奉献了什么,才会如此特别、如此令人向往?庆幸的是,随着人们对于性别认同、生活方式、职业道路、身材相貌以及女性的活法等方面的观点越来越多元化，完美女性的形象也在发生变化。然而，完美女性的形象仍然是一种理想，是女性气质的典范，是女性在心理上强烈认同的"我应该成为的样子"。

问问自己，当你无法成为这个想象中的完美女人时，你是否依然认为你应该成为她？如果不能达到这个标准，你是否会感到沮丧？我们内心的批评者往往就是那个说"我应该……"的声音，它责备我们，羞辱我们，指责我们没能达到理想的标准。努力成为完美女性，其实就是努力做一些我们认为能迎合别人需求，能让自己更受欢迎的事。但在这个过程中，我们会因为自己没能成为理想中的完美女性而批判自己，实际上这是在加固我们的樊笼。

随时待命

我们在成长的过程中学到的很多东西，通常是受母亲和其他女性耳濡目染的影响。我们知道，要想成为完美女性，得随时随地地满足别人的需求。你得把别人的需求放在第一位，自己的需求退而居其次。不妨问问你自己：如果朋友、亲戚、同事，甚至是陌生人需要帮助时，你是否乐意放下手中正忙的事去帮助他们？你内心是否认为，说

"不"是不言而喻的禁忌？

叔叔所讲述的那位妻子是如此"完美"，以至于男人都希望能娶到这样的女子，其很大部分原因是她总是对丈夫有求必应。她关切备至地等着丈夫回家，没有疑问，没有需求，也没有期待……只要丈夫需要，她便随叫随到。虽然这样做可能会让别人觉得我们更好，更喜欢我们，但长期用这样的标准来要求自己，最终会强化出这样一种信念：我们的价值在于对别人有求必应，我们被人喜欢是因为我们先人后己。长此以往，我们就会一直重复同样的行为，从而导致长期的情绪疲惫。

过于在意别人的看法

为了讨人喜欢，我们学会了保持警惕，不仅要时刻关注别人的需求，还要注意别人对我们的看法。你是不是也特别在意别人对你的评价？更愿意相信（并优先考虑）他们对你的看法，而不是你自己的看法？你是否经常摒弃你自己的判断而认同他们的判断？

从某种意义上说，一心想要别人喜欢自己有它的道理；如果能赢得别人的喜爱，那么群体就不会排斥、抛弃我们。但如果把注意力和精力全用来关注别人对我们的看法（或者是我们认为的他们对我们的看法），最终我们会把自尊、自我感受与独一无二的身份让渡给家人、朋友、合作伙伴、专家等所有我们认为更了解自己的人。这样一来，我们就把自己最私密、最根本的问题交由别人来回答：真实的我是怎样的？我想得到什么，需要什么？我喜欢自己什么？我认为我是谁？这些问题就会变成：你认为我是谁？你觉得我怎样？你需要我做什么？我需要成为谁，你才会喜欢我？

在回答这些重大的人生问题时，我们信任的是他人而不是自己。因此，我们永远无法成为最了解自己的那个人，也做不了自己生活的权威。

否定自己

当我们的注意力集中在他人的需求和看法上，并且自然而然地集中在满足这些需求和塑造这些看法上时，我们很快就学会了不信任和忽视自己的感受。我们无视自己的需求，以为不去倾听自己的心声才是更明智的做法，并认为自己缺乏智慧。最终，我们会认为自己不值得信任，没能力决定怎么做才对自己最有利,甚至无法确定哪些是自己的真实感受。我们错误地以为,如果真的站在自己的立场,让自己的感受来引导自己,我们就会失去很重要的东西。

因此,我们把自己真正的需要交由别人来决定,讽刺的是,我们也因此得到了回报。我们对自我的怀疑成了我们灵活变通且很好相处的证据,而这又成为让我们获得归属感的又一种方式。自己的感受最好由别人来决定,说来也奇怪,这么做却能让我们赢得别人的喜爱。

长大成人后,我们女性已经非常善于忽视和否定自己内心的声音,而内心的声音知道真正的自己是什么样,知道自己想要什么、需要什么——如果我们愿意倾听的话。现在,这个声音可能正在你耳边低语,甚至(如果你足够幸运)会大声呼喊以吸引你的注意。

我们需要的东西就在那里

女性被困在讨好的樊笼里的另一个原因是,我们以为自己需要的东西得从别人身上找到,而不是自己。很多女性一生都在寻找能让她实现自我、与自我联结的人或物。

我们会寻找进入城堡的钥匙，会向伴侣、了解自己的人、心理自助专家、媒体、名人求助，因为我们确信自己需要的东西在别处。我们并没有停下脚步想一想，也许钥匙就在自己的口袋里。

沉默的女性

叔叔讲完那个故事后，我看到我所爱的和信任的男人们纷纷赞美那位妻子，觉得很困惑、很失望。值得注意的是，即使是在那样青涩的年纪，我也知道，如果我大声说出自己的想法和感受，表达自己的不满，他们一定会说我就像很多年轻女人一样，太情绪化、太小题大做。虽然我什么也没说，但我心里明白，如果说出真实的想法，大家很可能会排斥我、讨厌我……我不愿意冒这个险。

保持沉默、不说出自己的想法是女性最根深蒂固的习惯性行为。我们深信，把真实的感受藏在心底是一种自我保护，特别是在自己的感受与他人的感受相冲突时。我们相信，沉默与顺从更有可能取悦别人，事实也大抵如此。为了避免负面评价，我们一而再、再而三地选择不说出自己真实的想法和感受，把自己变得和蔼可亲，委屈自己以迎合他人。也许你对自己说过，这是一个公平的交易：你放弃内心的声音、真实的自己、诚实和被真正了解的机会；作为交换，你会得到赞赏，会被别人所需要，你会很好地融入群体。于是，顺从与沉默赢得了胜利，成为更值得信赖的照顾自己的方式，从而成为你的首选策略。

不被看见的女性

这确实很令人费解：我们从多方面渠道得到的信息都是，我们应该问问自己需要什么，应该忠于自己的内心并关爱自己，但与此同时，迁就、迎合别人与无私奉献又能给我们带来巨大回报。仔细想想，你会发现，我们被鼓励去实践的自我照顾，实际上是为了一个更无私的自我。这就是女性的困境。

而且，因为我们相信自己的无私是受到尊重和被人渴望的，所以我们也会对自己产生同样的期望。我们越是坚持没有自我需求，就越难提出要求以满足自己的需求。我们越是要求自己无私，鼓励女性无私奉献的"系统"就越根深蒂固。就这样，我们周而复始地在原地打转……

从付出中获得价值感

还是小女孩的时候,我们的脑袋里就被塞满了关于好女孩的种种标准:好女孩应该多付出,应该乐于助人。我们打心底里认为,付出的越多,得到的赞美和尊重就越多,别人也会更珍惜我们。自然而然地,这成了我们确定自己价值的方式;我们从付出中得到了价值感,同时也期望自己如此——这样才能为自己赢得价值。结果就是,我们一直付出,直到一无所有,然后告诉自己付出也是收获。但这么做会把我们困在一种单一的生活方式里:永远关注别人的需要,关注如何才能满足他人,幻想通过照顾别人来满足自己的需要。这种生活方式最终会耗尽我们的精力。在这个过程中,我们再一次强化了使女性情绪疲惫的那一套"系统"。

责备自己的需求

最后,我还要阐述一种行为,这种行为在我们身上根深蒂固,以至于不易被察觉。它是这样的:我们会因为自己有需求而责备自己。更确切地说,我们认为有需求不对,

情绪疲惫的你

女性不配有需求,可我们又无法让自己的需求消失。

真正的困境是,社会对女性的规训是要把自己的需求看作问题,我们不该有需求,更危险的是,需求会让我们觉得自己不好。社会不需要女性有需求,也不欢迎女性有需求,而且需求还会威胁到我们的自我价值感——当然也会威胁别人对我们的好感度。

与人类所有的适应性行为[①]一样,我们通过责备自己来提高被他人接纳的机会,从而获得安全感。但在这个过程中,我们同时扼杀了与自己、自身需求建立健康关系的希望。既然有需求是我们的错,既然问题的根源在我们身上,那我们还愿意关爱自己、喜欢自己吗(喜欢自己是关爱自己的前提)?不可能的。

现在回到最初的问题:为什么会有那么多女性感到情绪疲惫?为什么我们认为疲惫就是生活本该有的样子呢?想想看,如果活着的首要任务是为了让别人喜欢自己,我们怎么可能不觉得疲惫呢?如果我们认为取悦他人就是关爱自己,是获得幸福的最好机会,我们怎么可能不疲惫呢?最难察觉的是,我们会以为要想让人喜欢自己,就必须关

---

① 适应性行为主要指人适应外界环境赖以生存的能力。——编者注

注别人的需要,而非自己的需要,要让自己内心和外部的声音保持沉默,并怀疑自己的认识。简而言之,就是抛弃自己。如果我们相信这一切,而且有许多女性确实如此,那我们出于什么目的,为什么还要关注自己的需求呢?我们如何在不放弃自己需求的情况下去关怀、照顾自己呢?

在下一章中,我将更详细地探究,作为女性,我们接收和内化了哪些具体信息,特别是那些让我们陷入困境、情绪疲惫的信息。

第二章

文化对女性的禁锢

作为女性意味着什么？父权文化会越俎代庖地回答这个问题——女性看起来应该是什么样，应该需要什么、渴望什么，应该如何思考、如何行事，以及我们被允许占据多少空间——在不影响女性的归属感与受欢迎程度的前提下。归根结底，文化教导了女性如何做女性。

但在学习如何做女性的同时，我们也在学习女性不能做哪些事，而这往往才是更强有力的信息，也是真正能被女性记住的信息。虽然没有明令指出女性哪些行为"能做"，哪些"不能做"，但无论是女孩还是女人都能很快弄清楚，女性不应该做什么，以及什么会让我们失去归属感或认可。

不过,有一点需要注意:虽然我们社会的本质是父权制,而且在我举的一些例子中,男性似乎是做错事的一方,但男性不应该为女性的情绪疲惫负责。事实上,男性也深受现行社会制度的压迫。这个制度鼓励女性无私奉献、迎合讨好,并批评有需求的女性。认识到女性的感受,认识到女性是生活在社会樊笼中的事实,不仅能让男性在亲密关系中得到解放,也能让两性关系更平等、更和谐。

为什么要察觉到这些隐秘的和不那么隐秘的信息呢?目的是摆脱它们的控制。把这些信息公之于众,它们就会失去效力——也就无法再支配我们的行为了。一旦你能看清楚你相信什么、恐惧什么,为什么会这样,你是如何委屈自己、控制自己以减轻恐惧并让别人喜欢你,你最终就能做到不被别人的看法牵着鼻子走,你就可以从这个牢笼中挣脱出来。当你看得越发清楚,也就没有恐惧再阻拦你,那么你就可以无视社会对你的期待,停止一味讨好别人的生活。你可以自由自在地生活,而不必总是压抑自己的需求,约束自己;你可以做你自己,而不是做你应该做的。

以下是我们作为女性每天都要面对和经历的一些评判和标签,事实上,我们也许会接受,在男权文化中,女性势必会经历这样的遭遇。

"你这个女人太难搞了！"

"难搞"是个强有力的词，用来批评女性特别有杀伤力。"难搞"这个词经常被用来形容那些敢于表达自己需求的女性。下面，我们就先来讲一个"难搞"的女人的故事。

克洛伊（Chloe）刚开始一段新恋情，她的新男友让她越看越喜欢。他们已经谈了三个月恋爱，相处得特别融洽。他喊她一起去海边玩一天。克洛伊对海边没什么兴趣；确切地说，她压根不喜欢沙滩。她讨厌热辣辣的大太阳，她白皙的皮肤还被严重晒伤过许多次，可一想到这次是和新男友一起去海边玩，于是她把那些糟糕的回忆统统都抛到了脑后。她很兴奋能和新男友一起度过这一天。

不幸的是，等到了海边开始铺毯子时，克洛伊才发现包里的防晒霜瓶子是空的。男朋友是海滩常客，但他从来不做防晒，自然也不会带防晒霜。克洛伊感觉到自己的焦虑在急速飙升：沙滩上一块阴凉地儿也找不着，今天她起码得晒上六个钟头的大太阳。

于是，克洛伊找借口说她要去快餐店买瓶水，可快餐店不卖防晒霜,她只好买了两瓶水回来。她知道,当地小镇离这里只有一英里远,但要买防晒霜就意味着他们得把冷藏箱、毯子和所有东西都搬回车上,开到镇上,然后开回来再折腾一番。她觉得,似乎没必要为了她的需求(和她)费那么多力气。她决定就这么扛着。

于是,她一整天都在为自己已经感觉到的晒伤而焦虑,但同时又因为害怕自己被视为一个"难搞"的女人而自我麻痹。那天晚上男朋友把她送回家后,她立刻就去了紧急护理中心,她差点就中暑了,情况非常危险(但她什么也没对他说)。

倒霉的克洛伊,她的决定不仅导致了严重的太阳中毒,让她浑身长满水泡,还耽误了一天的工作,而她这么做只是因为她不希望男友觉得她很"难搞"。

克洛伊不想成为"总爱耍大牌的难搞公主"。她不想惹麻烦,也不想成为麻烦。她最希望的就是男友能喜欢她——而在她看来,这就意味着她得温顺乖巧,没有需求,没有疑问。她深信,这才是讨男人喜欢的女性特质。

在这种文化中,女人能委曲求全、随圆就方,是女性魅力的一大卖点,也是"没需求"的代名词。就像有的男人半开玩笑半认真说的那样,"女人麻烦越少,就越迷人"。

当男人需要做出改变或者费些力气才能满足女人的需求时，或是当女人不能默默地满足自己的需求时，男人就会觉得她很"难搞"。同样，当女人所需要的与别人认为她应该需要的不同时——或者更准确地说，与别人需要她需要的不同时，别人也会觉得她很"难搞"。

"你怎么能那么自私！"

"我想自己一个人待着，这难道不是自私吗？我难道不是个糟糕的妈妈吗？"安妮需要独处的时间，可她又觉得很痛苦、很矛盾。"真的，只要周末能自己待上一两个钟头就行。可这样对孩子不大公平，妈妈不是应该先考虑孩子的需求吗？我很自私，不是吗……总是先想到自己。"

一言以蔽之，安妮的想法是：满足自己的需求，哪怕给自己一个钟头独处的时间，是自私的行为。在很多女性的认知里，自我关心就是自私，给自己时间就等于从别人那里夺走时间。我们关注自己的需求，无论是以多么微小的方式，都会把我们变成为所欲为、只考虑自己的人。

现实是，从出生的那一刻起，我们就会因为先考虑别人、后考虑自己而得到大人的夸奖和赞美。"看看她，一点也没犹豫就把玩具让给别的孩子了，多大方！""这姑娘心肠可真好……看见没？她自己拿了块小的饼干，把大的留给了哥哥。"它们传递出的信息简单而直接——大家夸你好是因为你先想到了别人。这背后还有一层暗含的意思：别人的需求比你的需求更重要。甚至更微妙的解读是：满足别人的需求就是满足你的需求。一旦社会让你相信，你的价值是由你对别人付出的多少所决定的，那你就会认为，被说成自私是最严厉的批评，因为它对你的基本价值提出了质疑。

我的好朋友玛蒂（Maddie），在和她的家人一起出去吃饭时，从没给自己点过什么。在注意到这一点的多年之后，我终于忍不住问她，为什么不给自己点些什么。她想都没想就回答说，她得忙着照顾孩子吃饭，根本顾不上自己。更重要的是，看着两个儿子吃得那么高兴，她觉得很满足、很快乐，压根不觉得饿。他们开心，她就开心，这对她来说是足够的滋养；他们的需求得到了满足，她的需求也就得到了满足。

难怪女性从事的都是照顾别人的工作：护士、社工、教师——总是在帮助别人。大家都以为，不仅仅是我们的价值，还有我们的幸福，都是从让别人快乐中获得的。我们潜意识里认为，女性应该通过给予来实现自己的价值，并知道自己很好地履行了作为女性最重要的责任。

当我们认识到自己的需要，并认为它们很重要时，我们立刻就会感觉害怕，感觉到不安全，害怕有人说我们自私。但还没轮到别人开始批评，我们往往就会先发动自我攻击。"自私"就是我们内心那个批评的声音所发动的第一轮攻击。事实上，我在办公室里每天都会听到这样的谴责，而且很遗憾地告诉大家，最常见的其实是女性对自己的谴责。

其实，对自私的恐惧很早就已经写进了我们的"大脑程序"。我们认为，一个女性满足自己的需求就是只为自己打算、以自我为中心，太任性而为，太自我了。同时，考虑到自己的需求就意味着忽视别人的需求。关心自己就没法关心别人，非此即彼。女性只有两个选择——无私或是自私，至于怎么选，答案显而易见。

"你真是个控制狂！"

拉达（Rada）的心情很沉重；小女儿很快就要离家上大学了；她很痛苦，想跟丈夫谈谈这事。丈夫说话时总是心不在焉的,拉达想着不如在开车时跟他聊聊吧,那样他听得还认真点。她想跟丈夫聊聊自己的悲伤和焦虑,也想谈谈他俩的关系。因为,她现在很担心女儿一走他们就成了空巢老人,不知道要靠什么维持夫妻感情。拉达需要安慰,也需要丈夫的倾听。

拉达先说了自己的感受,可没过几分钟,丈夫开始高兴地跟着收音机哼起歌,还在座位上扭了起来。拉达心平气和地和丈夫说,她现在很难过,她有很重要的事要说,可他却在那儿又唱又跳的,这未免有些奇怪,有些不分轻重。然后,拉达和声细语地问丈夫,能不能别又唱又跳了,能不能安安静静地听她说会儿话、跟她聊聊。他没吭声,然后恼火地回了一句"我在听"。拉达说他当时就"像马上要爆炸的手榴弹"。

拉达觉得很受伤,话说到一半就停了下来,沉默不语。几分钟过后,她打破了沉默:"为什么我的感受会让你那么生气?我只是希望你告诉我,'会有办法的,我们可以改变,可以找到新的相处方式'。我只是需要你给我一点安慰,需要你和我一起共渡难关……我并不经常要求你关心我,不,应该说难得这样。这要求很过分吗?"

果然,话音一落,"手榴弹"就爆炸了。拉达的丈夫高声骂了几句后嚷道:"你真是个控制狂……无论是谁,无论什么事你都要管。你不如写好台词让我照着念吧。我说什么、做什么你都要插手,我看你就喜欢这样。你干脆找个机器人过日子好了,它什么都听你的,那样你总该满意了。"说完,两人都陷入了沉默。

尽管这种沟通方式听着很奇怪,但我经常听到夫妻这么说话。先是妻子谈自己的感受,并希望丈夫能给她需要的东西——理解和共情。但丈夫把妻子的诚恳看作是控制。这就是拉达表达需求的结局。事实上,给一名女性贴上"控制狂"的标签也是一种控制她、让她闭嘴的方法,而且这个方法通常很管用。

在我的访谈室里,总能听到女性抱怨说,有人说她"控制欲太强",或者是一个更常用的术语——"控制狂"。"控制欲太强"是针对女性的一种常见偏见,尤其是在女性要求别人认真对待自己的需求,要求别人为了自己而改变行为时。

女性在提出自己的需求时会面临种种评判,但"控制狂"无疑是极具伤害性、极"有效"的评判,它会让我们封闭自我,重新藏起自己的需求——并说服自己,不管付出怎样的代价,我们必须停止控制他人,转而控制自己。

为什么这个标签如此有效？因为我们百分之百地相信它。我们相信，如果是因为自己的需求或感受而要求另一个人改变行为，我们就是控制狂。对于许多女性来说，被人看作控制狂非常丢人，非常没有魅力，所以女性不愿意冒这个险。

"控制狂"这个标签是一种批评，其目的是让女性自我感觉不好：让我们觉得羞愧，觉得自己咄咄逼人、盛气凌人又没女人味，专横又爱发号施令，真的令人厌恶。这个标签很"管用"。同时，它又让我们感到被禁锢，感到沮丧和愤怒。一旦相信了这样的评判，我们就会无能为力，会无法表达自己。女性说得越多，就越会被指责为控制欲强。我们进退维谷。具有讽刺意味的是，说一个女人有控制欲，是控制她最有效的方法，同时也是让她控制自己的方法。

"你还要怎样？"

对女性说"你还要怎样？"的言下之意就是，你这个人"要求真多"。虽然"要求多"与"难搞"很相似，但用这个说法来批评女性也有其独特的杀伤力。这个说法不仅暗讽女性要求得太多，不配得到那么多，不应该得到那么多，而且还暗讽女性自以为有权得到那么多，但这么做只会令人生厌。

最近，我的朋友安娜（Anna）问丈夫能不能帮忙跑个腿，去学校给儿子送点东西。结果她丈夫冷嘲热讽地回了她一句："陛下，您还有什么要我做的吗？"她丈夫的言下之意是，她没权利提这样的要求，也没这个必要。这让安娜觉得自己咄咄逼人，感觉好像是她越权了，是她误以为这个要求不过分。她觉得自己"就像那些要求多的专横女人一样，心安理得地到处发号施令"。我只能说服安娜别信她丈夫所构建的（而且已经被她所内化的）的虚假现实，告诉她，她丈夫这么做无非是为了操控她，我还提醒她，他的言外之意非常荒谬。

我和安娜一起梳理了一遍事实，实际上，她不仅很少让丈夫帮忙，而且让他做的都是小事，更何况丈夫"赏脸"跑一趟并不是为了她，而是为了他们的孩子。她完全有权要求丈夫为家庭还有她做一些事，且无须道歉。

"你不只是有需要，你是过分依赖！"

任何性别（以及那些不认同自己性别）的人都有需求。

但对于女性的需求，我们的文化就会把女性本能的、普遍的需求粗暴地简化为一种缺乏吸引力、功能失调的"过分依赖"。从有需求变成"过分依赖"，这意味着女性的需求过多，已经超出了应得的份额，而且对其他人造成了负担。如果我们的需求给别人造成负担，那么我们自身也就成了负担。

同时，"过分依赖"还暗示女性是软弱的，过度依靠他人——不能自立。需求的英文是"need"①，指人正常的需求，但在后面加上一个字母"y"，其表达的程度就完全不一样了，而人们常常把这两种情况混为一谈。在这个过程中，我们把自己的需要，这种神圣不可侵犯的直觉，变成了不堪和可耻的东西。"需要"是来自内心最深处的智慧和自我保护的本能，它是为了我们的幸福，代表了我们自己，可我们认为它是对我们不利的坏东西。

玛丽亚（Maria）和男友山姆（Sam）已经谈了半年恋爱。他们每个周末都见面，周一到周五只是偶尔见面。要是玛丽亚不主动和山姆联系，那他们周末就不会有任何安排，也不会见面。每次玛丽亚联系山姆，他好像也挺高兴

---

① "need"是名词，意为"需要、需求"，"needy"是形容词，意为"过分依赖的、黏人的"。——译者注

的；两人在一起时，山姆也会甜言蜜语、情意绵绵的，可他从不主动约玛丽亚。

可想而知，在这段关系中，玛丽亚肯定是提心吊胆的一方。"要是我不打电话，这段关系是不是就烟消云散了？"她很想知道。然而，尽管她感到困惑不安，她还是假装像没事人一样，继续谈着恋爱，继续乖巧可爱，从来不说什么。

我问了玛丽亚一个明摆着的问题——为什么不跟山姆谈谈这事，她说她不希望山姆觉得她太依赖他。从理智上讲，她明白，这样的关系多么令人无法接受，他不该这样冷淡，可她还是不敢提。不管她有多困惑、多受伤、多怨恨，她仍然觉得风险比痛苦更大。我问她到底有什么风险，她解释说，她害怕山姆觉得她特别黏人，总要别人来安抚她、宽慰她，总需要确定两人关系"处于什么状态"（她给我解释时皱着眉头，用手指比画了个引号）。

问山姆为什么从来不主动约她，这无异于泄露自己藏在心底的秘密——承认自己确实有情感需求。对山姆来说，最大的失望（或者说是玛丽亚认为的）就是女朋友不能随遇而安，不能接受他本来的样子。这会暴露出她需要知道两人的感情是不是有问题，而这意味着，就像玛丽亚自己说的，她"太依赖他，太没用了"。

"我一辈子都在捍卫女性权益，为女性议题而发声。怎能要男人来安慰我，要男人给我安全感？这也太难堪了。"在玛丽亚看来，有需求就说明她是那种离了男人不行的没用女人——不可能成为真正的女性主义者，因为她做不到自力更生。为了让别人觉得自己精明能干，也为了让自己觉得自己精明能干，我们相信，我们不该对别人有需求。

"你就是不知足……所以成天不高兴。"

"不知足"听着和"难搞"和"要求太多"差不多，但说到贬低女性表达自身需求的标签，肯定少不了"不知足"。

生日那天醒来时，劳拉（Laura）看到她旁边的枕头上放了一份包装得非常精美的礼物。她把礼物拿到客厅，给了她的伴侣一个大大的拥抱。她拆开包装，发现礼物是一套烛台，看着价格不菲。她向她的伴侣连声道谢，并告诉他，她很感激他，还有他准备的礼物。

可第二天出现在我办公室时，劳拉哭了。事实上，她只是表面上感激，她觉得她的伴侣并不了解她，也没看到她的独特之处。"我的兴趣爱好非常广泛，可我从来也不喜欢蜡烛啊。就算是光明节我也不会点蜡烛。我感觉他就是上网搜了搜'最适合女朋友的生日礼物'，第一眼看到了什么就买了什么。我压根不喜欢蜡烛……只是他觉得这礼物不错。"

她的伴侣并没有专门给她挑礼物，这让劳拉觉得很孤独，觉得不被理解。但意料之中的是，劳拉根本没打算告诉对方自己的感受。"我不敢，"她笑着说，"说了就等于'给我判了刑'，脖子上像是挂着该死的烛台和一块大纸板，上面写着'不知足的女人'。"在劳拉看来，哪怕言语间流露出一丝不满，一丝不知感恩，都会让伴侣对自己有看法。他会觉得劳拉是个大麻烦，这是不知好歹。

我们害怕被贴上"不知足"的标签，害怕被人看作永不满足的女人。我们认为，女性之所以失望是因为她们不知足，于是女性就压抑自己的真实感受，不仅自己要假装高兴，还要哄别人高兴。

"你就是那些易怒的女人之一。"

强加在女性身上的标签还有很多……那些忠于自己的

需求，即使别人看不惯自己也丝毫不畏惧的女性，她们最关心的不是别人喜不喜欢自己。于是，她们就会被贴上"难搞""要求太多""不知足"的标签，甚至还会被贴上"易怒"的标签，而"易怒"与另一种侮辱女性的说法常常同时出现，那就是"尖酸刻薄"。

对于那些要求别人重视自己需求的女性，我们的社会无情地嘲弄她们；在我们的社会，一个女人若是敢表达她的想法，有时甚至是铿锵有力地表达，势必沦为被蔑视和嘲笑的对象。近几年来，人们常把这样的女性称为"凯伦"（Karen）①，不管她的言行举止多么谦恭。人们会贬低她，说她粗鲁尖刻、神经质，当然，也少不了那个总是和女性联系在一起的侮辱性称呼——泼妇。说实话，我们（不管是男人还是女人）都以憎恨这样的女人为乐。

"你非要那么咄咄逼人吗？"

卡罗琳（Karoline）在一个传统的家庭中长大；家里的

---

① 这个词是一个贬义的俚语，通常指有种族主义倾向的中年白人妇女，她们傲慢无礼、咄咄逼人、自以为是又令人厌恶，会利用自己的特权来达到自己的目的或控制其他人的行为。——译者注

女性负责照顾家人、处理家务。只有一个人例外——诺拉（Nora）姨妈。诺拉姨妈事业有成，受过良好教育，时尚迷人，也有主见，果敢自信，跟人说话时谈吐自若。她也会帮忙做饭，但她会做的可不止这个。家里人讲她好话时会说她"精力充沛""不能小觑"。讲难听话时，又会说她像一个"挖掘机"一样，甚至像"公牛"。

卡罗琳的父母也对诺拉姨妈极为不满，觉得"诺拉到哪儿都特别显眼"。"她以为她是谁啊？"卡罗琳的父母经常轻蔑地说。家里人对诺拉的看法是：她跟个男人一样；她敢于要求别人满足她的需求（甚至认为这是理所应当）。

尽管家里人对诺拉的评价是负面的，但卡罗琳很喜欢、很钦佩姨妈，觉得这人很有意思，她也关心自己的想法，跟她在一起特别有趣。诺拉姨妈是那种不畏惧表达自己想法和感受的女人，卡罗琳觉得她非常酷。但显然，她这个观点没人赞同。卡罗琳自然只能把这个想法憋在心里。

父母总是对诺拉姨妈评头论足、冷嘲热讽，久而久之，卡罗琳也不那么仰慕姨妈了。她开始相信，诺拉是她不应该成为的那种女人，没男人会喜欢的那种女人，没有女人会信任她，或把她当作真朋友。

所以，卡罗琳也学会了远离——不仅仅远离姨妈，也远离她自己的想法、兴趣和爱好，远离她和姨妈共有的那些品质。她学会了让自己看着更安静、更乖、更不起眼，把自己的愿望和需求藏起来，以免冒险成为那些"总是不满足""咄咄逼人"的女性之一。这些经历让她意识到，大胆地说出自己的想法、有主见、在谈判桌上占有一席之位，都是胆大妄为的举动——是对立、对抗的举动。它们会让人很不自在——结果就是别人讨厌你。意思很明白：一个内心强大、自信笃定，而且不觉得自己做错了什么的女性也是毫无魅力、缺乏女人味和不讨人喜欢的女性。

"你太张扬了！"

我和瓦妮莎（Vanessa）认识了很多年，这些年来，她一直活得战战兢兢的，因为她害怕有人对她评头论足，说她"太张扬"。她和卡罗琳一样，总是想尽一切办法降低自己的存在感——不能太强势、太显眼，说话不能太大声——无论是在身体上、情感上、智力上还是其他方面，都不能占据太多空间。

瓦妮莎记得，父亲是用"大嘴巴"（leaker）这个词来形容那些"喜欢表达却丝毫不顾忌别人感受"的女人的。

遇到那些敢于毫无保留地表达自己想法，而且一点儿也不觉得自己影响到别人，一点也不觉得惭愧、歉疚的女人，瓦妮莎的父亲会觉得受到冒犯，甚至是侵犯。他说这种女人不过是在推销自己，心里其实在不自觉地叫喊"看我！看我"。他觉得她们实际上特别渴望别人的关注，她们无法遏制自己内心的渴望，但这么做很不得体。所以瓦妮莎也认为，女性应该降低自己的存在感，这样别人才能接受她。

也难怪瓦妮莎的母亲很文弱，说话轻声细语，"身形消瘦"，而且对别人总是言听计从——用瓦妮莎的话说，她母亲"对什么都没意见，好像不存在似的……更像是空气，而不是一个活生生的人"。仔细想想，其实也不难理解：也许这就是她的生存机制，也许正是这个原因瓦妮莎的父亲才会选择她。

父亲唯恐自己说得不够明白，还经常提醒瓦妮莎，那些"太张扬"的女人就不该把自己的情绪垃圾倒给别人。父亲还认为，那些"太强势"的女人招人厌，男人很担心这样的女人会把他们"活活吞掉"。所以，瓦妮莎很怕被别人认为"太张扬"。正如她所描述的那样，她很"反感"这样，虽然极力想控制住自己，但真实的感受还是会表露出来。她小心翼翼地把自己封闭起来，妥善管理好自己，把需求封在坚不可摧的保险库里，不让任何人知道，包括她自己。

"太张扬"的标签让女性觉得难为情，觉得羞耻，于是我们严格地管束自己，警惕地监控自己。我们的目标就是要变得更安静、更不起眼——压抑自己的天性。我们想变成那种不会占据太多空间、要求太多关注，不会很强势，不会让自己的风头盖过别人，总能让别人有存在感的女性。这样我们才会让人喜欢、无可指摘。

"你真自负！"

克拉拉（Clara）念高中时是优等生。不管老师问什么问题她都知道答案。她还被选进了校运动队，小号也吹得很好。克拉拉天资聪颖，在很多方面都很出色，但她靠的不仅仅是天赋，因为她事事都很努力。

虽然这听起来会让人觉得克拉拉特别幸运，但事实上，拥有这样的天赋和才能，擅长这么多事并没有让她的生活变轻松。她用"艰难、可怕、令人困惑"形容她的高中时代。那段时间，和许多女性一样，克拉拉明显与自己的才能和潜力相冲突。

第二章 文化对女性的禁锢

多年后,克拉拉还会谈到自己高中时是多么痛苦,上课时,虽然她知道问题的答案,也想回答,但她不能举手。她回忆说,她每天都在记老师点她回答的次数,并且时刻都在提醒自己,次数不能太多——虽然她每道题都会,但不能表现得太突出、太亮眼。她还记得有次上课特别尴尬,她假装看不懂老师发的讲义,但实际上她全都能看懂。她觉得自己总是处于危险中——别人会觉得她比自己强,觉得她自以为是、目中无人。

害怕别人认为自己聪明、能干、有才华的恐惧远远超过了她想参与课堂活动的渴望。对许多女性来说,这些属性被视为一种麻烦和负担。强大而聪明的女性经常被贴上"自负""傲慢""自以为是"的标签。如果你是一名女性,而且聪明能干,那别人就会以为,你肯定也觉得自己聪明能干,而这是让人难以接受的一件事。

女性所接收到的信息含糊不清:要聪明,要自信,要强大,要受人瞩目……但不能太聪明,太自信,太强大,太受人瞩目;而且,绝对不能比别人更聪明、更自信、更受人瞩目。不幸的是,女性永远弄不清楚界线在哪里,也不知道"太"这个程度应该如何界定。

我们担心别人会如何看待自己的能力和才华,并为此耗费了许多精力。我们认为，我们有责任确保其他人不会因为我们的优势（和努力）而感到相形见绌，感到不自信或者是受到威胁。在某种程度上，社会允许我们有一定的才华——但我们的才华不能让别人觉得自己不那么有才华，或者更糟，抑或是根本没才华。否则女性的能力就成了麻烦，而且会对别人不利。因此，我们要为别人的自我感觉负责，因为那与我们自身有关。

在完全认识到或者完全发挥自己的能力之前，甚至是坦然自信地运用自己的能力之前，我们必须先确保其他人没意见。其结果是，我们只能小心地拿捏好分寸：一方面要拼尽全力，认可自己的努力，为自己的能力感到自豪，同时又要避免引发别人一连串的负面评价和恶意揣测。

"你怎么这么矫情？"

说到女性以及女性需求，怎么少得了大家最爱贴的标签"矫情"呢？这个说法非常普遍，无论是点餐时要求沙拉酱另外放，还是给别人添了其他麻烦，有类似行为的女人就会被说"矫情"。作为一位有时会不按菜单点菜的女性，要求我想要的东西并对不想要的东西说"不"，一直都不是一件轻松的事，即使是在这个话题已经被讨论了几十年后的今天。尽管我不会因为感到羞愧而噤口不言，也不会因为特殊要求所招致的评判和嘲笑而改变自己，但每次坚持说出我的需求都会让我感到有压力、感到为难。我想，只要我放弃那么做，每个人都会轻松一点……包括我自己。

作为女性，我们学会了给别人赔不是——只因为说出了自己的需求，而且赔不是的方式有无数种，既别出心裁又能让人高兴。女性在让别人满足自己的需求的同时，还要让别人喜欢自己，于是我们学会取笑自己，想方设法贬低自己："矫情""神经兮兮""焦躁""挑剔""执拗"，当然还有"胡搅蛮缠"。无论我们的心智发展到了什么程度，当被询问想要（或不想）吃什么、喝什么或喜欢什么时，无论是情感上还是身体上，我们都会感到羞愧、焦虑、沮丧和恐惧。

前段时间，我和一个朋友在外面吃早饭。她点了吐司，并对服务员说："白面包，不要黄油。"她说得很明白，也很有礼貌，我听得清清楚楚。可服务员什么也没往本子上写。我想问他，到底有没有听到朋友的话，但还是忍住了，我要履行我给自己的忠告——不插手别人的事。不一会儿，朋友的面包送过来了，我看到上面抹了黄油，一点也不觉得惊讶。她也看到了，但也没说什么。

几分钟后，我看着她毫无反应，问她为什么不叫服务员把吐司端走，毕竟她说得很明白，要白面包。其实我知道答案，但我想听她亲口说出来。她说："老实说，我懒得和别人理论……我不希望别人觉得我是爱胡搅蛮缠的矫情女人，要求多，难伺候。你明白的，那种神经兮兮的怪女人。我知道，我应该跟服务员好好理论一番，为了天底下所有的女性，但我今天没那个心思。"这番话我听许多女性说过，只不过说的方式各不相同，但今天，听到这位善良、坚强、聪明能干的朋友说这话，让我为所有女性感到深深的悲哀。这也让我确信，我需要继续写这本书。

不按菜单点菜是女性被嘲讽"矫情"的最常见的方式，但实际上，有无数种方式可以给女性贴上"矫情"的标签。女性关注自己的外表、花时间打扮自己是"矫情"，需求跟别人想的不一样也是"矫情"。从根本上讲，如果女性敢于说出自己的需求，并认为自己的需求是合理的、重要的——那她额头正中间就好像长了一个靶心，等着大家群起而攻之。

简而言之，"矫情"这个标签说明女人很难满足，想讨她们开心得费很多事，花很多精力，以及女性不应该有那么多需求。女人很麻烦……"难搞"、要求多、霸道、控制欲强、神经质、难伺候、喜欢吹毛求疵、焦躁、情绪不稳定、担心这担心那、A型人格、强迫症，多半还会胡搅蛮缠……"矫情"这个词涵盖了对女性方方面面的负面评价。无论女性有多进步、多自信、对问题有多清楚的认识，当要求别人做什么时，女性仍然要面对这些遣责——即便只是在点菜时说一句"不要黄油"的小事。

因此，当那个"矫情"女人拒绝委曲求全，拒绝认同"女人很麻烦，女人都有毛病"的世俗之见；当那个"矫情"女人有力量坚持自己的立场，有勇气要求别人承认她的需要；当那个"矫情"女人敢于表达她的需求也很重要……那么，不管她的言行举止有多礼貌，她都会遭到更强烈的指责。要不了多久，指责就会从神经质、控制狂、胡搅蛮缠升级为非常讨厌、有侵略性、天性好斗、充满敌意等这类描述。各种各样的羞辱和指责都会把矛头指向她。

社会的禁锢

许多女性认为，表达真正的需求可能会遭到嘲笑、羞辱、指责、轻蔑、藐视、侮辱、被病态化……她们认为不值当冒这个险。她们不愿意别人把她们与遭受了这些境遇的女性归为一类。当然，没有哪个女性愿意。所以，我们学会了缄口不语，忽视自己的需求，或者假装有人照顾到了自己的需求，但实际上并没有。与此同时，我们非常善于表现得好像没有任何需求，而且会自欺欺人。以上种种做法都是为了远离伤害。而这些应对策略又让我们感到孤独、情绪耗竭，失去了本真。最糟糕的是，这些策略违背了我们的需求。

事实上，女性不仅害怕别人以这样负面的方式看待自己，也害怕自己真的是别人看到的那样，成为这些社会信息所暗示的不讨人喜欢的女性。我们通过社会这台机器的镜头审视自己，将批评内化，并将它们整合到自我形象中。其结果是，我们会觉得自己不够好、很内疚；我们就是他们说的那样不讨人喜欢。因此，我们与自我的关系总会掺杂着负面的评判与轻视，而这些"标准"正是社会为我们塑造的。

其实，我们对待自己需求的态度不仅受到社会的影响，主要照顾者对我们需求的回应方式同样也会影响我们。在下一章，我会邀请你退后一步，通过家庭的视角来探索你与需求之间的关系。具体来说，童年照顾者为你现在与需求的关系，以及你回应需求的方式奠定了基础。

第三章

家庭对女性的影响

作为女性，我们要让自己的需求得到满足，要进行自我照顾，这是本书的主题。就实现这一目标进行深入对话之前，我们必须更好地理解我们与自身需求之间的关系：我们对自身需求的想法和感受，为什么我们会以某种特定的方式回应它们，以及我们为什么会怀疑并抨击自己的感受，容不下自己的需求。

我们一直在探究，是什么样的条件反射阻碍了女性有自己的需求，在这个社会中，女性表达需求又会带来怎样不好的影响。但在全面揭示我们与需求的冲突和复杂关系之前，我们有必要考虑这一切的起源。事实上，童年时期，我们的照顾者回应我们情感需求的方式，对我们成年后回应自身需求的方式有着至关重要的影响。照顾者是我们最初的榜样：他们告诉我们，我们的需求对其他人会有怎样的影响，其他人又会怎样对待我们；我们的需求会影响重要的人际关系与基本的情绪安全。同时，我们在多大程度上相信并期待自己的需求能得到满足，也受到他们的影响。

童年的主要任务和目标是安然无恙地度过这段时间，包括身体和情感两方面，而如何去理解"安然无恙"，这取决于你家庭成员的认知水平、共情能力。为了实现这一目标，你很快就会弄清楚，哪些感受、哪些表达，甚至是哪些需求是安全的。你会学着去管理你的内心感受，因为这能确保你的安全，不至于让你没人爱，并保持足够好的自我形象，以便能在这个世界中生存下去。总而言之，你认为你的需求重不重要，甚至你自己重不重要，这都是家庭教给你的。现在你与自己需求之间的关系，在很大程度上是早期教育的结果。

在情感方面，如果你的照顾者能及时回应你，能亲切地倾听你、关注你，满足你情感需求的次数足够多，那么从某种程度上说，你对自己需求的态度很可能也是理解和支持。如果照顾者在抚养过程中能充分关注和理解你的需要,你就不太可能将自己的需要视为威胁和麻烦。反之,如果在童年时期,照顾者是以愤怒、不耐烦、忽视、拒绝来回应你的需求,如果你的早期经验告诉你,有需求不好,它会引发你所依赖的人的负面情绪,从而导致安全感和爱的缺失,那你就很可能与你的内心世界建立起一种怀疑和批评的关系。

在这一章,我会给大家介绍不同类型的家庭环境,有的也许与你的家庭环境相似。但这部分的内容我会一笔带过,因为我想请大家探究更深层次的东西。请仔细阅读这些场景,不要一口气读完。注意每一种照顾方式是否能在你心中唤起什么。感受一下,哪一种场景会让你想到你自己和你的家庭。

想一想,你的家庭环境如何影响了你与他人相处的方式,而这种相处方式又是怎样满足你的需求的。想一想,你的照顾者是如何回应你的需求的,而这又如何塑造了你回应自己需求的方式。(诚恳地)问问自己:"我是否还在按照小时候的假设和恐惧心理行事?我是否还在保护自己不受原生家庭的伤害?"

在进入下一个环节之前,想一想你经历和忍受着哪些困难。此外,也要认识到,你用了哪些具有创造性的,甚至是巧妙的方式来照顾自己——在缺乏照顾者的理解与关心的情况下，你的确需要这样做。

被冷落的孩子

如果你在一个情感需求被忽视的家庭环境中长大，如果你从照顾者那里得到的东西并不适合你天生的情感倾向，或者照顾者不与你共情，你就会以类似的方式去对待自己的情感——关闭它们，与它们断开连接，变得麻木。你不再倾听和关心你自己的感受。你认为没人会支持你，也没什么人能帮得了你。

帕蒂（Patty）记得，小时候她总觉得家里冷冰冰的，无论是身体上还是情感上。她家房子很大，但她感觉屋子里空荡荡的，家里总共也没几个人，彼此也不是很了解对方。作为爸妈的独生女，她很敏感，有点忧郁，而且天生感受力就很强。"感觉就像是白鹳把我送错了人家。适合我的是温暖的热带雨林，可我却在寒冷的北极长大。"餐桌上总有可口的食物，衣服总是洗得干干净净，熨烫得整整齐齐，父亲确实让一家人衣食无忧……可不管从谁那里，帕蒂都得不到支持，也建立不了联结，被理解更是一种奢求。她心酸地告诉我,"我们一家人甚至都不会拥抱对方"。

帕蒂偶尔会跟母亲说起朋友过生日没邀请她,或者是班上受欢迎的女生取笑她之类的事,她说她母亲听了之后会"非常不自在……好像压根不知道该对我说什么,更不知道该怎么安慰我"。母亲通常会很不情愿地、不冷不热地拍拍她的背,或者跟她说"你会交到其他朋友"之类的话。然而,这并不能让帕蒂觉得轻松或是被安慰,她没有感觉好一些,也没有觉得母亲爱她。帕蒂从骨子里感到孤独。她觉得自己就像是个寄人篱下的孩子,一点儿也不招人待见,与父母若即若离。

事实上,这样的生长环境会让人形成深刻的信念——你在这个世界上是孤独的,要想满足自己的需求,你只能靠自己。你确信,能照顾你、能让你依靠的人只有你自己。也许你仍然相信,别人希望你好,但在你内心深处,你不相信有谁会真正帮助你。

于是,你藏起你的感受,你不会把那些让你感到脆弱,让你重新体验孤独感的任何事告诉别人。在内心深处,你成了一个情感的孤岛。可悲的是,尽管你早就搬出了童年的那个家,但你仍然按照童年的方式生活,仍然感受不到理解、支持和关怀。

不堪重负的父母

另一种情况是，如果照顾者总觉得你要求太多并因此而烦恼，如果他们在面对你的情感需求时不能保持冷静，不能及时回应，那你就会形成另一种防御机制。你会成长为这样的女性：对你来说，情感需求不仅令人生厌，而且危险，具有潜在的破坏性。

斯蒂芬妮（Stephanie）的母亲容易焦虑，情绪脆弱且不稳定，"当我需要帮助或感觉很糟的时候，母亲会不知所措，会崩溃"。在情绪管理方面，母亲不能给她任何帮助。斯蒂芬妮不仅没有得到一个孩子所需要的安慰和指引，还多了一个压力源，因为母亲情绪上的困扰也会让她感到害怕和不安，也就是说，除了要处理原先的问题，她还得面对母亲的情绪。

同时，斯蒂芬妮为自己的需求感到内疚。"我不想惹妈妈哭，不想让她为我的事操心。"说出自己的需求实际上会让事情变得更糟，而不是更好。不仅仅是她，似乎牵扯到的每个人都是这么想的。

而且，每次斯蒂芬妮跟父亲说起她自己解决不了的问题时，父亲的第一反应都是，"不要告诉你妈"。"如果母亲知道了我的事，情绪肯定会有波动，父亲不想抚慰母亲的痛苦，也不想收拾残局。"斯蒂芬妮逐渐明白，有问题、有情感需求是危险的事。斯蒂芬妮的需求不仅破坏了母亲的幸福，也破坏了父亲的幸福。她的需求伤害了她最需要的两个人，而这两个人也正是她最希望能够保持情绪稳定的人。但是，她的需求会让他们的情绪变得不稳定。斯蒂芬妮的需求相互矛盾，而这种情况经常发生。

如果你的成长历程与斯蒂芬妮一样，内心的脆弱常常让你情绪混乱，那么你就总会感到内疚和羞耻，因为你觉得你制造了混乱，并给你所爱和所需要的人带来了痛苦。一旦有了这样的基础，你很可能会把自己的需求封存起来，只有在这个需求能被轻松满足，或者是你已经想出办法来满足时，你才会说出来。你发现，只有你放弃了需求，或是干净利落地解决了自己的问题时，说出你的需求才比较安全。

童年时期的经验告诉你，你的需求会让你爱的人、依赖的人应接不暇、无所适从，而无论你长到多大，这都会让你觉得困惑。你会明白，其他人无法为你提供坚实的基础和支持，在你脆弱时也不会给你安慰和安全感。你很快就会知道，你根本不能指望别人的指引和帮助。所以，不幸的是，你会认为自己的需求会让人无所适从、束手无措，能够摧毁任何被波及的人。结论就是，能满足你需求的人只有你自己。

如果你是在这样的情感生态系统中长大，那你也许练就了讨好别人的本领，知道怎么哄每个人开心。正如你所领悟的那样，不能做的就是不能做，所以你不能说出自己的需求。

同时，你也会变得非常高效和独立，你总能把一切安排妥当，总能照顾到自己的需求，甚至压根就没需求。讨好和见机行事是你的应对策略，这样你也能避免再经历与童年时的照顾者一起经历过的痛苦。照顾他人成为你被人喜欢和被人接受的方式，它会成为你建立自尊和身份认同的基础。

在一定程度上，这种行事方式是有效的。但遗憾的是，虽然它可能让你觉得安全，甚至觉得自己很强大，但说到底，这种讨好别人、"各方面都得心应手"的策略并不会让你觉得满足。而且，就像其他的补偿行为一样，它会延续你童年的模式，即你的需求从来没有得到充分的满足。

"现在怎么办?"

现在让我们再来看看另一种家庭环境——责备型。遗憾的是,这种家庭环境相当普遍。想一想,你的需求是否总会引起照顾者烦躁愤怒的情绪,甚至导致他们不再爱你?对你的照顾者来说,你的需求是麻烦和累赘吗?更糟糕的情况是,你的需求是否会让他们觉得你也是麻烦和累赘——甚至会因此责备你?

每次卡拉(Kara)不舒服,或者是需要帮助和安慰时,她的父亲就会生气地冲她大吼:"现在怎么办?"她的需求会让父亲勃然大怒;她经常因为心情低落而被父亲责骂、惩罚。父母不仅觉得她的要求非常讨厌,还认为她是故意给他们添堵。"有需求是我的错,因为我扰乱了他们的生活。"可因为那会儿她年龄还小,没有其他人作为参照,也没有经验可以拿来比较,卡拉以为父母对孩子就是这样,生活就是这样,爱就是这样,于是她做了大家都会做的事:纠正她自己的行为。在一个家庭里,如果一个司空见惯的现象被认为是不正常的,那么孩子就会想办法变得"不正常"。

如果你是在这样的环境长大,你很可能会把你的需求与内疚、恐惧以及羞耻感联系在一起，具体表现为：当你有需求时，你会认为是自己有问题；你会认为你的需求会让你在意的人生气。简而言之，有需求意味着你会被拒之门外。因此，为了让人际关系能有安全感，为了满足对被爱的需要，你学会了隐藏你的需求——隐藏你自己，其结果就是你的情感被封闭，并得不到满足。事实上，否认你自己的需求并不是长久之计，因为如果你觉得自己不被看见、不被理解，或是你的需求不被接受，你就无法感受到被爱。

"不要过分关注你的需要。"

并非只有责备型家庭才会让孩子以为自己的需求是个麻烦。如果父母过于忙碌且一心只想着工作，那你对自身需求也会形成类似的看法——你会畏惧它，对它敬而远之。

在妮娜（Nina）的记忆中，小时候家里总是乱糟糟的，父母总是嫌她碍手碍脚。她告诉我，家里的大人无暇顾及孩子的感受或是需求等这些微不足道的小事，在他们看来，孩子又不用工作，哪有什么压力。大人们忙得不可开交，得维持生计，处理要紧事，孩子怎么能向父母索取更多呢？

那未免太过分，太肆无忌惮了——确切说是太贪心了。如果提出自己的需求，那父母就又多了一个问题要处理，本来他们就已经焦头烂额了。他们没精力满足她的情感需求；如果她有需求就意味着父母得腾出时间去关注她。

父母不堪重负、无所适从且自顾不暇，这让妮娜很内疚，虽然她不知道自己为什么内疚。"我很内疚——觉得自己不该活着。"她学到的道理是，不说出自己的需求是更周到（也更明智）的做法，那样才不会给本来就疲于奔命的父母添麻烦。妮娜（和我们一样）也希望被爱、被欣赏——而不是被视作麻烦。但在她的家庭，以及许多家庭中，被爱的前提是要顾全父母的感受——不能打扰他们，也不能说出她真正需要怎样的关怀。

如果你的父母整天有忙不完的事，无暇顾及你，那么你大概率会根据你的自我照顾能力建立起一种价值感和身份认同感。也就是说，你的自尊与你"没有需求、不给人添麻烦"的能力紧密相关。最终，你会毫无存在感，当然除了在那些能让其他人高兴的事情上。大多数时候，人们夸奖你、尊重你，是因为你能做到没有需求，而且从不寻求帮助。"她真好……什么都不需要；不管什么事自己都能搞定。这给我们省了多少事啊！"人们爱你，或者你感觉人们爱你，是因为你处在一个公认女性需求不应该被关注的环境里，而在这个环境里，你能够做到没有需求。

如果有这样的成长经历，你也许需要很长时间才会相信，你的价值并不是建立在你完全自给自足的能力之上——活着却没有任何需求。只有经过长期的疗愈，你才会相信，别人会以这样一种方式爱你：不会把你的需求视作麻烦。

"有需求是你的错。"

可悲的是，家庭中的责备有很多种形式，但没有一种是充满爱和有益的。你也许是在这样的家庭中长大：照顾者会用你的需求来对付你，把它当作一个批评你、指责你的机会。

比如阿德里安娜（Adriana），她只要跟父母诉苦就会遭到一顿数落——父母会数落她的缺点。父母的反馈让阿德里安娜觉得，无论她有什么问题，有什么情绪或是需求，那肯定都是她不好。她太敏感，太依赖别人，太容易受伤，疼痛阈值太低，对别人的期望太高，不能接受别人的沟通方式，想要的太多，等等，不一而足。不管是什么问题，解决方法都一样：阿德里安娜需要改变——改掉自己的毛病。

毫不奇怪，当阿德里安娜感受到强烈的情绪时，她立刻就会觉得羞愧。有需求意味着她存在不足，说明她有问题，有让人讨厌的地方。如果告诉父母自己的需求，那她得到的会是一长串需要改掉的毛病，以及深深的自我厌恶和羞耻。帮助或者支持是肯定得不到的。因此，在情感需求完全形成之前，她会关闭自己的情感阀门。天长日久，她变成了这样的女人：她感觉不到自己哪里有问题，哪里不讨人喜欢，而且大多数时候都没什么感觉。

如果你是在这样的家庭长大，你通常会成为一个非常随和的成年人，有时甚至会假装积极向上。同时，你变成了一个不敢表达自己真实感受的人。你会自己满足自己的需求，或者假装它们根本不存在……把真实感受藏在心里。最终，你会变成一个永远没问题的人，因为有问题肯定是你不好。

"你让我怎么办？"

在另一种家庭中，说出自己的需求会捅了父母情绪的"马蜂窝"，会把他们的负面情绪释放出来。

在塞蕾娜（Serena）的记忆中，说出她的需求，或者只是告诉母亲她的烦恼，都会触发母亲自我憎恶的情绪，会惹得她十分懊恼，大吼大叫。母亲会说自己这个妈当得有多糟，自己多没用，让塞蕾娜多失望（而这恰恰是塞蕾娜烦恼的原因）。母亲是如何回应塞蕾娜的需求的呢？她把塞蕾娜的需求理解为对她委婉的评判——女儿要么是在指责她这个妈妈当得不称职，要么是在指责她性格有问题。塞蕾娜的不安引发了母亲的自我厌恶和悔恨，这自然会让塞蕾娜感到内疚，她觉得是自己给母亲带来了痛苦。

这也引发了塞蕾娜的愤怒；就像她母亲哀叹过去自己让她失望一样，她也在积极地让母亲失望，拒绝在当下照顾母亲的情绪。塞蕾娜的原话是，"后来，我压根不愿意把烦心事和情感需求告诉她，因为我实在是听不下去她说她多恨自己，或是我这样都是因为她做得不好，以及她有多失败。我的感受总是以她为中心……从不是以我为中心。所以，我并不想通过分享得到任何东西"。

如果你在这样的家庭长大：你的感受和需求被自恋的父母视为对他们的伤害，父母总是以自己为中心——他们在意的是你的需求会给他们带来怎样的麻烦，那么你就会干脆选择沉默。因为你知道，你不能让父母难过，不能让他们陷入内疚和自我厌恶,那不值得;你也不能任由父母绑架你的感受,然后一而再地认识到,你是多么缺少父母的理解、支持和陪伴,这同样不值得。你明白,你的感受不可能只与你有关,它总会以这样或那样的方式与父母有关。因此只有摒弃你的需求,或者至少把它们藏在心底,才能把痛苦降到最低。

所谓的"美好品质"

每一个家庭都有他们尊重和理想化的品质和美德,就算没人明确说起过。也许你不用多想就能告诉我,你父母认为哪些品质是可取的、了不起的。事实证明,这种价值体系,以及你家庭所推崇的东西,最终也会极大程度地影响你与自身需求的关系,以及你是否会允许你的需求被他人或自己所了解。

薇落(Willow)的家庭奉行的是典型的新教工作伦理①。在他们家,坚强、有才干是对一个人的终极赞美。她

---

① 新教工作伦理由德国社会学家、哲学家马克斯·韦伯在《新教伦理与资本主义精神》一书中提出,主要包含了勤奋工作、珍惜时间、节约金钱、讲求信用与责任、谨慎行事、追求财富积累等特点。——译者注

的父母认为，那些能自给自足、勤奋独立，不要求什么，也不索取什么的人，最值得尊敬和仰慕。面对挑战时，能毫无怨言地迎头而上，不给人添麻烦，不给人带来不便，这就是最好的美德。在薇落父母看来，一个人独立解决问题的能力越强，就越出类拔萃。

有一次，母亲冷不丁说薇落是个"强大的人"，这对于薇落来说是特别美好的一个记忆。在薇落看来，这是对她的终极赞美，从那一刻开始，她知道妈妈不仅尊重她，也爱她；她在母亲心中是有一席之地的。从那一刻开始，她也会用积极的眼光来看待自己。

有了这个早期模板，薇落后来成长为一名独立自主、适应力强的女性，这一点也不奇怪。她从不会跟人说起自己的情感需求。她极度渴望自己在别人眼里是坚强独立的，而有情感需求只能说明她软弱无能，无法自立，会把她的渴望化为泡影。她的坚强和需求互相矛盾，没法共存。

因此，薇落学会了否认自己的需求；她自己处理这些需求，不诉苦，也不期待别人的帮助。用她的话说，"我的需求是我自己的责任"。对薇落来说，最重要的是她必须要做母亲所欣赏的那种"强大的人"。

"坚强"是许多家庭重视和推崇的品质。坚强当然有它的价值，坚强的人也令人钦佩；在我们的文化中，毫无怨言地承受苦难被认为是一种高尚的品质。可一不小心，你也可能把坚强与没有需求混为一谈。也就是说，你会认为，有需求就是弱者，没有需求就是强者。你会全盘接受家庭的价值观，并把它视作真理，所以你会摒弃或降低你的需求，以免它们对你的形象和身份造成不良影响。

把无私视为高尚

像许多女孩一样，贝茜（Besty）眼中贤妻良母的榜样就是她的母亲，她一直在观察母亲怎么照顾家人。在贝茜看来，母亲来到这个世界就是为了照顾人，"照顾别人是她活着的意义"。

但与此同时，她的母亲似乎并不是一个独立完整的人——一个有自己的愿望和需求的人。贝茜不知道她的母亲到底是怎样的人。正如她所说："我的母亲活着就是为了确保别人能得到他们所需要的东西。事实上，很长一段时间里，我和我的姐妹都认为，如果我们不在，她也会随之消失。"

贝茜的母亲与他人建立的是一种没有独立自我的关系。

贝茜的父亲对止痛药成瘾多年，而母亲却无动于衷。贝茜的父母处在一种消极、被动的状态中，两人都不愿意对自己的生活负责。在这种家庭中，为了自己的需求而去承担责任并去满足需求，意味着他（她）成了一个独立自主的人，这会被视作对家庭关系的背叛和放弃。这样的家庭关系是一个不可分割的整体，所以不能有两个独立的自我。

在成长的过程中，如果你以这种没有自我的母亲等女性形象为榜样，你就会把自己的需求看作一种背叛，觉得自己背叛了大家庭，也背叛了你爱的人。你会相信，你根本没权利去满足自己的需求。你会常常问自己，你有什么资格去满足自己的需要……你有什么了不起的？母亲为你奉献了她的一生，为你放弃了一切，你这样对她真的公平吗？即使你早已离开了童年时的家，你也许仍然相信，你应该把你的人生奉献给别人；你仍然会因为满足了自己的需求而感到内疚。

我真的值得吗？

也许家庭能让你明白的最重要的道理是：你本就值得被爱，你的价值不在于你做了什么事，取得了什么成就，能给别人什么,也不在于你赢得了什么,证明了什么;你的价值是与生俱来的,这是无可争辩、无法改变的,仅仅因为你就是你。让孩子形成这种认识,实际上是家庭养育过程中最重要的事情。但遗憾的是,根据我的经验,很少有人会得到这样的爱;很少有人真正相信自己是有价值的——从根本上有价值。如果一个孩子长大成人后会相信自己不需要满足任何条件也是有价值的,不是因为自己做了什么,不是因为自己是谁,那么这种情况一定是例外,而不是常规现象。

第一次见到吉娜(Gina)时,我觉得她特别风趣迷人。讽刺的是,她对我说的第一句话是:"不管请朋友做什么,哪怕只是花时间和我待一起,听我说说话,我都觉得我得表达一下心意——至少得给他们带点实实在在的东西,这样才对得起他们的时间。"其实,很多女性也像吉娜一样,觉得光做自己是不够的,得额外为别人做点什么才行,这样才能确保别人也能有所收获。

如果你的成长环境不能给你一种基本的价值感,不能让你相信自己生来就是有价值的,那么当你长大成人后,就会从心底里觉得自己不够好,你自然会倾向于认为,你不配有需求,即使有也微不足道。你坚信,你的需求不重要，因为你就不重要。"别人干嘛要关心我想要什么，需要什么？我又干嘛要关心自己呢？"你很容易就会认为，其他人的需求很重要，值得被关注和关心，而你的需求呢？那就未必了。

理解你的过去，选择你的现在

当你还是个孩子的时候，你的需求被满足的方式，以及你通过照顾者的反馈来体验你的需求的方式，为你成年后如何回应你自己的需求奠定了基调。这一点，我希望大家都能明白。不过，如果你还没觉察到你的成长历程是怎样的，那么幼年时的经历会让你陷入一种不健康的、适得其反的生活方式。在探求情绪疲惫的深层原因时，你不能忽视幼年时的成长环境，因为你对需求的认识正是在那里产生、形成的，也正是在那里，你学会了扭曲自己的需求，以试图"满足"它们。最终，你也是在那里建立起某种认知——你需要做什么才能生存下去，并获得某种归属感。

在前文中，我给大家介绍了不同类型的原生家庭，目的是唤起你对于你早期成长经历、对自我需求的应对策略的好奇心。虽然下列提示问题看着都很相似，但如果你能逐个仔细思考，就会得到许多更深层次的启示。请仔细思考这些问题，无论答案是怎样的，请永远、永远、永远保持好奇心和善意。

在你儿时的家里：

- 你的照顾者是如何回应你的需求和感受的？
- 向照顾者寻求帮助或安慰是什么样的感觉？
- 你的需求和感受会引发照顾者怎样的反应？要求得到你想要的东西，真实地表达你的感受是否会带来某种后果？如果有，是怎样的后果，你又是如何应对的？
- 对于人有需求这件事，以及那些敢于表达自己需求的人，你有怎样的看法？
- 你认为年幼时与照顾者的相处经历，如何影响了你现在满足自身需求的方式？
- 它又如何影响了你对于自身需求的看法和态度？

这么做的目的是了解你的需求最初生长的土壤，或被踩踏和扼杀的土壤。要明白，在幼年阶段，忽视、压制或贬低你的需求可能是为了保障你的安全（这是非常明智的适应性行为）。

你要知道：刚来到这个世界时，你并不会觉得害怕、愤怒或不信任自己，你并不是生来就无法与自己的需求友好相处。你生来就有自我保护和自我照顾的天性，最开始你也会优先考虑自己。然而，你也许学会了用一种不自然和不健康的方式来取代你的天性——荒谬的是，你这么做是为了自己的安全，为了照顾好自己。但好消息是：你心里那个与生俱来的自我保护者，那个健康的自我保护者，仍然在你心里，等待着你邀请她回来。

恐惧是教化的结果

我们把自身需求视作危险是有原因的，并不是因为它们确实危险，也不是因为把它们视作危险会让我们觉得快乐、轻松。事实上，否定自己的真实感受既不快乐也不轻松。我们否定自己的需求是因为过去的生活经验告诉我们，需求是一种威胁，会威胁到别人对我们的爱，与最重要的人相处时如果有需求，会造成冲突和困难。我们意识到，要谨慎地掌控自己与需求的关系，这样才能保证我们在自己努力生存的生态系统中的安全。我们确定，照顾别人比照顾自己更稳妥、更有成效。它成了我们的习惯，成了我们在这个世界中的存在方式。

不过最重要的是，我们了解到，我们最深层的需求，即对归属感的需求，是会受到其他需求的威胁的。于是，我们选择了一条能让我们得到我们最需要，也是最重要的东西的道路——保持安全和被爱。这条没有需求的道路就成了我们生活的范式。

但觉察是习惯性行为的克星，是照亮我们的光。通过觉察，我们会发现自己的习惯性行为，而这种习惯性行为一直被我们当作一种自我保护机制。然而，一旦你觉察到幼年时的经历：照顾者如何回应你的需求——你的家庭看重什么，以及这些因素是如何塑造你的行为和信念的；为了让自己的需求得到满足，你是如何压抑自己的……那么，你就走上了情感自由的道路，你会和自己建立一种全新的关系。

有了更清晰的觉察和认识，你就可以判断，是否有必要通过用儿时同样的视角和应对策略来与你所处的环境保持联系。你也可以思考，与儿时相比，你现在是否拥有更多的资源和智慧，能以儿时无法实现的方式照顾自己。有了觉察,你可以看到自己的恐惧和恐惧所导致的行为,而这些都源于你在原生家庭中的经历。你也可以认识到,你可能不再需要,也不想要持续儿时的模式了,因为它不仅没用,也对你不利。

如果你能看清楚自己的信念并了解它的起源,你就不必再下意识地通过行为将它表现出来。觉察会让你得以解脱。

逃出信念之网

到目前为止,我们一直在讨论社会教化、家庭环境等这些无处不在的观念和早年的成长经历对于女性的影响,这些影响交织成了一张复杂精巧的信念之网——女性对于自我需求的信念之网(她们可能意识到,也可能没意识到)。这是个错综复杂的"事实之网",我们以为它就是事实,然后根据这个事实去塑造我们对自己和自己感受的反应。日积月累,这样的外部力量又转化成了内部力量,最终决定了我们认为他人和社会允许我们感受和表达的东西——说得更直接一点,是不允许我们感受和表达的东西。这些力量不仅帮助我们确定了我们赖以生存的策略,还为我们打造了情感的樊笼。

在下一章，我们将深入核心信念的巢穴，也就是你心灵的阴暗角落，我们将着手发掘你信以为真的、关于自我需求的"真相"——你甚至都没意识到自己有这样的信念，而正是这些核心信念掌控了你的生活。

第四章

核心信念

在我们的成长过程中，每个人都背着一个背包在前行，背包里装满了关于世界运作方式和对真理的看法，我们也可以称之为核心信念①（core beliefs）。但是，每个人背包里装的东西并不相同，这是由我们的生活经历所决定的。但奇怪的是，我们以为每个人的背包都是一样的。在我们打开自己的背包，亲眼看到自己所认定的信念、所想象出的现实之前，我们会一直停留在与过去相同的叙事中，以

---

① 指我们根植于头脑中有关自我、他人和世界的基本假设，指导着我们的行为，影响个体如何看待自己，感知环境与人际关系。——编者注

一种一成不变的方式来理解世界、理解自己——无论它是否适合我们。我们将继续过着无意识的、浑然不觉的生活，被内心不确定的、阴影般的信念所驱——直到我们能拨开云雾，将信念曝于阳光下，了解它们的起源，并质疑它们的真实性。值得庆幸的是，大多数人都已经到了这样一个阶段：认为继续按照同样的信念行事，简直太痛苦了。

也许现在的痛苦足以驱使你去改变现状……这是一件好事（尽管那感觉并不好）。只有在十分疲惫和不满的情况下，你才会怀疑，你是否应该继续相信一直以来指引你行为的"事实"，怀疑它们到底是不是对的。那么问题来了：是什么核心信念让我们觉得关心自己这件事如此危险、羞耻，如此违反常理？

找到核心信念的关键

因为核心信念是关于我们对世界的运作方式的认知，以及一些我们早已根深蒂固的想法，而这些认知和想法又与我们的心智息息相关，所以我们很难发现它。它是我们从未质疑过的"真理"，因为我们感觉它就是"事实"。我们会认为核心信念不是信念；似乎是与我们融为一体的，似乎就是我们本身。核心信念藏在我们感知世界的视角里。是它编织了我们的叙事，即我们创造的意义和我们所讲述的故事。归根结底，它操纵着我们的生活。然而，值得注意的是，我们看不到它们，看不到这股强大的力量——除非我们去寻找它们，去审视我们自己的视角。一旦我们去觉察它，就会发现，核心信念不过是被规训出来的想法，是我们从自我选择的经验中建构出的故事——它既不真实，当然也不是我们自己。

在这一章中，我们将讨论在女性群体中常见的核心信念。你也可能或多或少地携带着其中的一些信念。你要做的是认识你的核心信念，将它们与你是谁、与事实区分开。你要把它们曝于阳光下，这样你就可以决定你该怎么处置它们，而不是由它们来决定如何处置你。归根结底，你的目标是要觉察到这些信念，毕竟你是根据这些信念行事的。那么，让我们打开背包，看看一直以来里面装的是什么，然后，再奇迹般地把它丢掉。

信念（一）：需求是你自己选择的

莎拉（Sarah）和她四岁的儿子坐在后座。开车的是莎拉的婆婆。尽管很累，他们还是在游乐园度过了有趣的一天。八个小时中，他们一直在连轴转，坐旋转飞机、觉得恶心、吃热狗、崩溃、买棉花糖，还要在没遮没挡的炎炎烈日下排长队。更别提跑了多少趟厕所，那厕所小得只够两人用。莎拉精疲力尽，有点受够了当妈的感觉。

莎拉凝视着窗外，她注意到，很快他们就会经过她最喜欢的葡萄园。她想象着葡萄园郁郁葱葱的草坪，草坪上放着鲜绿色和橙色的户外休闲座椅。她想象着自己端着酒杯，在蓝草乡村音乐乐队的乐曲声中慢慢放松下来，快乐时光即将开始。她身体里的每一个细胞都渴望着那里。

突然间，一股强烈的欲望攫住了她；感觉就像有条盘绕的蛇在她的脊椎里伸展开。她渴望一种体验，一个属于她的时刻——不是母亲、儿媳、妻子，也不是她在生活中扮演过的其他角色。她需要片刻的享受，这种享受的价值不是来自于它能给别人带来什么（比如，这件事令我感到高兴，因为它让我的儿子很高兴），也不在于它能说明什么（比如，这么做我才是个好妈妈），或者任何其他手段来达到任何其他目的。莎拉渴望的是"我真正想做的事"，她的原话言简意赅。

接着，莎拉的婆婆说，他们得顺便去生鲜超市买些鸡块,家里的鸡块昨天晚上吃完了。她还提醒莎拉,一回家就得给儿子准备晚饭,因为已经很晚了。

葡萄园逐渐消失在厢式旅行车的尾灯灯光里,一股强大的能量开始在莎拉的胸口升起,那条蛇仿佛就要爬到她的喉咙口了。她觉得怨恨,怨恨儿子,怨恨婆婆,怨恨丈夫,她感觉自己像被囚禁在汽车后座可还被要求举止得体,她怨恨所有参与构建了这个囚禁系统的人。

然而,没过几秒钟,那条蛇又回过头来咬了她一口——将"自我批评的毒液"注入她的身体。她脑子里浮现出这些话:大家本来都挺开心的,你干嘛自己找不高兴?干嘛去想自己没有什么,怎么不想想自己有什么?你拥有这么多,就不能高兴点吗?想想看吧,有多少女人想要还得不到呢!

这还没完。毒液不断地涌出来:能和孩子一起度过这一天,你要知足——感受一下他的快乐;为什么你总是有自己的需求?你的那些需求说明你是一个不知感恩、自私自利的坏妈妈。

莎拉的核心信念是,她的需求是她自己创造的——由她自己选择和制造的。因此,她的需求可以改变,而且应该改变。像莎拉一样,你可能也认为负面情绪是你自找的,你应该为此负责，认为你想要的一定是自己不该要的东西。或者说，是你自己选择了不高兴、受折磨。因此，你的需求说明你不配，或者别人根本没法取悦你。要是你不那么贪婪，不那么消极，不那么怨恨——而是一个更好的人——那么你就会有不同的感受。也就是说，你的需求都是你所拥有的。如果你与众不同，那你就能按照你应该体验的方式去体验生活。你的核心信念是，你的感受是由你决定的，于是你就会把你经历的痛苦归咎于自己。

信念（二）：需求是痛苦的根源

工作了一天的苔丝（Tess）拖着疲惫的身体回到了家。今天她过得很不顺，老板误解了她说的话，导致事态变得非常严重，本来她提拔有望，这下一切都悬了。苔丝心情很不好，她想和家里人聊聊这事，于是她给自己倒了一大杯酒，一屁股瘫倒在丈夫身边的沙发上。跟平常一样，丈夫只听她诉了一两分钟的苦，就表现出很无聊、很不耐烦的样子。"因为他已经听够了我的感受。"苔丝在和我聊天时说道。接着，丈夫会开始他那老一套的应对方法，他对苔丝说，"你本来就知道老板很不讲理啊"。然后又是各种

"不应该"……"你早就知道老板做事很差劲,你就不应该难受,不应该放在心上,也不该指望他能怎样,能有份工作就不错了。"总之,在丈夫看来,对于老板(或者是丈夫),她就不该有这样的感受,也不该有那么多要求。

于是,夫妻对话很快就结束了。本来苔丝已经够难受了,现在她还觉得沮丧、受伤,真是雪上加霜。她渴望的是丈夫的倾听,而不是评判,她想说的不只是事情的来龙去脉,还有她的感受和现在的需求,但她还没来得及说,丈夫就忍不下去了,他觉得她情感需求太多了。苔丝真正需要的是一个能接纳她所有的地方,用她的话说,就是:"不用老是想着自己太唠叨、太情绪化、太无聊、太依赖别人、要求太多之类的。"但感到孤独的苔丝还是做了她以前总在做的事:把需求藏起来,摁下去,继续自己扛着。她又做回了以前的自己,要维持和睦的关系,要依旧岁月静好。

那天晚上,苔丝感觉到胸口很沉重,她很哀伤。她感觉自己在情感上已经精疲力尽了,越发坚信她永远也不可能从任何人那里得到她真正需要的东西。她的思绪又回到了与丈夫的谈话上。她感到心碎,为自己。但在意识到自己的疲惫,感觉到自己的哀伤后,苔丝却立刻转而针对自己。脑海里的那个声音又在质问她：丈夫一天下来也很辛苦，他就是想好好地吃顿晚饭，他的愿望合情合理，为什么我要那么在意呢？为什么我要求每个人都能如此细致地了解我的感受？为什么要把它放在心上呢？还有带来致命一击的问题：为什么我总是让自己、让丈夫这样不痛快？像许多女性一样，苔丝认为她的感受是她自己造成的：创造需求的是她自己，创造痛苦的也是她自己。

"我选择了我的需求，因此带来的感受也必须由我来承担""我的感受（和需求）是我感到痛苦的原因"这是两个相关的核心信念，而且这两个信念在女性中非常普遍，它们极大地影响了女性对自己感受的看法。你会坚信自己的感受是由你自己造成的，所以承认自己的感受会让你觉得危险且违反常理。你会想，为什么别人要去接纳由你一手造成且让自己觉得痛苦的情绪呢？这样做只会助长你具有破坏性的那部分。正如你所想象的，你觉得你可以选择一种与你现在不同的感受，你可以选择快乐。因此，你认为，承认和关注你的真实感受是个错误的方向，就像邀请一个不受欢迎又危险的入侵者进屋喝茶一样。

因此，你否定了你的感受，回到了对许多女性来说最常见的疑问：我为什么会有这样的感觉和需求，我到底是怎么了？于是，你兜兜又转转，但自身需求仍然没得到满足，你也仍然在责备自己。

信念（三）：我不该有需求

刚认识凯尔西（Kelsey）时，她每个周末都在苦苦等待，等男朋友有空能和她一起做点什么。要是男朋友没空，她就："一整天都无所事事"。她觉得自己这样挺没劲、挺不应该的，她还很惭愧，因为她不知道自己对什么感兴趣。她说："有时我觉得自己挺没自我的，也缺一个身份，我是说自己的身份，与我的男朋友是谁无关的身份。"

我很想知道她为什么会这样，在我的感染下，她也想弄清楚自己喜欢什么，或做什么会让自己觉得很带劲。令人惊讶的是，她发现自己喜欢瑜伽，而且对冥想尤其感兴趣。人生头一回，凯尔西感觉到了活力、专注与自信；她觉得自己是一个独立存在的人。她还发现，几分钟的冥想和瑜伽，再配上她亲手泡的茶，就能让她一整天都活在当下，感受到脚踏实地的幸福——一整天都做自己。

凯尔西是进步了，但她与男友的关系出了问题。男朋友觉得以前的凯尔西更好、更讨人喜欢。以前的凯尔西随叫随到、没爱好、没需求，而现在的凯尔西自信、独立，就算不跟他在一起也能活得有声有色。

几个月后，凯尔西认识了一个新男友，她会去他家过周末。刚开始恋爱时，她依旧坚持练瑜伽、冥想、喝茶。她知道，她需要定期与自己、自己的身体联系，关注自己的需求，这样才能保持身心健康。这种认识是无可争辩的……在恋爱之初。

但没过几个星期，凯尔西和我的谈话就开始飘散着旧"信仰体系"的气味。凯尔西不再跟我说她是怎么照顾自己的，尽管就在几周前，她还说瑜伽、冥想必须坚持下去，这"不容商量"。但在男朋友家做瑜伽显然很不现实。首先，他家没地方放她的茶具，也没地方铺瑜伽垫。就算这些问题能解决，凯尔西也担心，要是让男朋友知道自己离了这些就"活不下去"，他一定会觉得她很"矫情"。对凯尔西来说，把自己照顾好很有意义、很有帮助，可站在（她想象的）男朋友的视角来看，就完全不是这样了。结果，她的需求就失去了价值，最后被抛之脑后。只有男朋友认为她的需求合情合理时，它们才会合情合理，而他并不这么想。

很快，凯尔西就放弃了瑜伽和冥想，即便她需要这些。

不出我所料，她感觉越来越烦躁、戒备和焦虑。她那种喜欢自己、信任自己的感觉，以及知道自己需要什么的感觉，也在逐渐消失。

"可就算不练瑜伽和冥想、不喝茶，我应该也能挺好，也能很好地做自己，"她讥讽地说，"要想感觉好，干嘛非得喝茶啊？我男朋友没那么多规矩，也活得挺好啊。每天起床、冲澡、上班，大家还不都是这样。"在她看来，问题不在于她没练瑜伽，而在于她最开始为什么要练。

她的核心信念告诉她，她不该有这种需求。于是她拒绝承认自己的需求，认为这些需求不对，她有这些需求就不对。你或许也和凯尔西一样，声称一旦你需要你应该需要的东西，一旦你成为一个感觉正确的人，你是会先考虑照顾好自己的。但遗憾的是，对于大多数女性来说，这些正确的感觉永远不会到来。因为你的需求取决于别人对你的期待。有着真实感受的你被剥夺了真正的需要。

信念（四）：当我变得更好时，我才配有需求

丽莎（Lisa）来自南加州，但她在明尼苏达州生活了近十年，她形容那里是"恶寒之地，严格意义上说，冬天

并不是一个季节,因为那里一年到头都是冬天"。丽莎十分热爱跑步。跑步是她最大的乐趣。她承认,她需要跑步,那样她才感觉自己是个人,才能耐下性子与人相处,找到内心的宁静与平和。但一年的大部分时间,明尼苏达州都被冰雪覆盖,早晨外面一片漆黑、寒气逼人,想要坚持跑步实在是太难了。可如果不跑步,丽莎又觉得整个人昏昏沉沉、无精打采,情绪也很低落——这些年来,她一直有这种感觉。

我问丽莎为什么不办张健身卡,毕竟她有那个经济实力,这样一年中最冷的月份也可以在室内跑步。她直截了当地告诉我,她不会考虑办健身卡,她觉得自己能在大冷天坚持下来,能克服困难,把需要做的事做好。办健身卡不该是她的需求。要是一个人看到天冷就打退堂鼓,没勇气冒着严寒去跑步,那她就不该把自己的需求当回事。于是,她继续昏昏沉沉、无精打采、闷闷不乐。几年过去了,丽莎仍然在等待自己变得自律,能坚持在户外锻炼,她觉得自己应该成为这样的人,因为只有这样的人才配有需求,才配拥有幸福。

丽莎拼命想成为一个能在天寒地冻的漆黑早晨把自己拖出门跑步的女人,但问题是,她做不到,也许永远都做不到。你是否期望自己成为一个与众不同的人,一个更好、更有价值的人——你应该成为的人?是不是只有变成这样的人,你才会允许自己满足自身需求?想想看,你已经等了多久,还要等多久,你才会成为另一个人,才会在乎自己的需求?要到什么时候,你才会愿意关心那个本来的你呢?要到什么时候,你才会重视自己当下真实的感受呢?你不妨从现在开始,把自己看作一个重要的人,即便你现在还不够好,即便你还有进步的空间。有没有可能,即使是现在的你也值得自己的关怀呢?答案是肯定的。

信念(五):有需求说明我不懂得珍惜

我的朋友艾比(Abby)刚过完生日。在生日这个特殊的日子里,丈夫和孩子们请她出去吃晚餐以表庆贺。按照家庭传统,去哪儿吃饭不会提前告诉"寿星",因为那是个惊喜,得到了饭店才能知道。那天晚上,艾比摘下蒙眼布时(同样是家庭传统),发现自己站在本地最昂贵、人气最旺的一家寿司店门口。这家店的价格贵到离谱,顾客多半是有生意应酬和能报销的人。女招待过来请他们一家人去外面的雅座用餐,说白了就是街边的座位,大街上吵吵嚷嚷的，还有汽车尾气，真是花钱买罪受。

在艾比看来，这家餐厅、这个价位、这种噪声、这种体验——都是折磨。艾比喜欢闲适、安静、不显眼的地方。菜肴简单点没关系，只要分量足就行，而这家店的主厨做的菜是出了名的好看精致但分量少。她还知道，以丈夫的收入，他们根本消费不起这样贵的餐厅，除非他委屈自己，这样他肯定有压力，而且说到底，这也会影响到她。到这种地方吃饭让她觉得没有诚意，更像是在履行一项推不掉的义务，甚至像一场表演。丈夫和孩子们仔细地端详着她，希望她能高兴，这就说明他们选对了。艾比强忍住哭泣的冲动。她知道她被深深地爱着，但同时，她从未感到如此孤独。

艾比面对的是个两难的选择。她很感恩，家人为了给她庆祝生日劳心费力，她的内心充满了对丈夫和孩子们的爱和感激，他们还不是为了让她高兴吗？可她并不想要这些，一点也不想。她想要的是这样一种感受：她不必假装满足，好让丈夫和孩子自我感觉良好，这样一来他们也不会因为她的失望而失望。她想知道，这到底是给谁过生日——是她还是他们？在她的记忆中，她的生日（以及每一个平常的日子）都是为了让其他家庭成员自我感觉良好，让其他人为自己的付出感到自豪。这一整套摒弃自我、讨好他人的仪式实在是令人疲惫。

但艾比什么也没说，她一边吃着 300 美元一碟的生鱼片，一边恰到好处地啧啧称赞它的美味……她担心自己要是说实话，说出真实感受，家人会很受伤，会觉得好心没好报，那大家会很扫兴，她也就成了"总是让人不快的黛比·唐娜（Debbie Downer）[①]"。生日晚餐让她感到困顿和悲伤，她无法也不愿意与她最爱的人、她最希望能真正了解她的人交流。尽管这是属于她的重要日子，艾比仍然不得不满足家人的情感需求，而不是自己的。

事实上，我们中的许多人都和艾比一样，都是从这样的核心信念出发：如果我们不想要别人给予我们的东西，那就说明我们不懂得感恩。你也许认为，你不可能既想要别的，又觉得自己拥有的也很好。你也许会在这两个看似矛盾的事实中间插入一个词——"不过"。我对你的付出深表感激——不过我需要的是别的。我爱你——不过我不爱这个。以这种方式使用的"不过"，就像一块橡皮擦，它

[①] 黛比·唐娜（Debbie Downer）是美国综艺节目《周六夜现场》中的虚拟人物，她总是提出负面意见，喜欢散布坏消息，性格消极，悲观厌世。——译者注

会抹杀前半句话的作用，让人觉得你并不认可他们的好意，不懂得感激。但矛盾的事实其实是可以并存的；两个看似对立的事实也可以用"而且"连起来。"我非常感谢你的付出——而且——我还有其他需求。"

信念（六）： 如果承认我的需求，我就会崩溃

吉娜（Gina）一向是个行动派——有能力、有韧性、有办法。她婚姻美满、事业有成，有三个年幼的孩子，也有好闺蜜。她把她生活中的每一个人都照顾得很好，无论从哪方面来看，她的生活都很美满。但像许多女性一样，她仍然觉得精疲力尽。吉娜强忍住泪水告诉我，她心里也希望有人能关心自己，"虽然我不好意思承认，可有时我也希望别人能像我关心他们那样关心我，是那种不用我说什么，也不用我解释自己需要什么，就是他们自然而然的关心，因为我一直以来都很关心他们。我也希望有人能主动关心我，而不用等我张口提要求"。

我问吉娜，为什么没人那样关心她，她的回答让我吃惊。她说，她不能冒险去让别人关心自己，因为如果她这样做，她会彻底崩溃。让自己感受到自己多么想要和需要

别人的关心,会导致她的崩溃;而且她觉得自己的需求是一个填不满的无底洞,最麻烦的是,一旦她有很多需求,她就没法履行她对其他人的诸多责任。吉娜很清楚:要想做好她该做的每一件事,照顾好她需要照顾的每一个人,毫无疑问,她必须忽略自己的需求——尤其是希望被关心的需求。

或许你也像吉娜一样,认为让别人照顾你、关心你会让你变得百无一用。你认为,要么是你照顾别人,要么是别人照顾你,但不能两者兼而有之。但这是一个错误的核心信念。事实上,如果你拒绝给自己被照顾、被关心的机会,并压抑自己的需求,那么你最终会将那些能让你恢复活力、焕发生机的真实感受拒之门外。为了履行对他人的责任而忽视对自己的责任,这是搞错了方向。结果就是你的疲惫感和孤独感更强烈了。实际上,与我们从小到大形成的信念体系相反,当你承认并接受自己是一个有需求的人,并展现出真实的自己(有真实的需求,甚至有局限性),那么你在照顾他人时也会变得更轻松,你也会更满足。事实上,如果有人关心你,照顾你的情绪,你也就不会那么疲惫、怨恨,而且会更忠于自己的感受。只要你愿意,接受和给予是可以和谐共存的。

信念（七）：我不配拥有好东西

"关注自己的需求？那就是说，我配得上……任何东西，"哈莉（Hallie）继续说道，"这意味着，我值得别人的关心，有权得到我想要的东西。可我真的值得吗？我不知道。"哈莉的核心信念是"我不配拥有好东西"。事实上，这是我们所有核心信念中最普遍、最具破坏性，也是最难甩掉的信念。

也许你并不完全赞同，或者压根不赞同"你很重要，你值得被关心"这个说法，甚至觉得情况刚好相反。"我又没做什么了不起的事儿，哪里配得上？"也许你觉得这个问题问得非常好，许多女性跟你有同样的想法。你也许很难接受这样的观点：你关心自己是因为你本来就很重要，而不是因为你为别人做了什么，给了别人什么。

不过我们很聪明，想出了一个间接方案来解决自己"配不上"的问题，这样起码能得到一点自己需要的东西。我们巧妙地编造出了这么一套说辞：为了照顾别人的需要，我们必须先照顾自己的需要；要想让别人高兴，我们得先让自己高兴。所以我们就有责任照顾好自己——这样我们才能为别人服务，这给了我们一个合理照顾自己的理由，虽然我们仍然为此感到内疚，但至少可以接受。

有了这个理由，你就可以打着"我是为了好好照顾别人"的幌子去关注自己的需求。你应当照顾好自己，只是因为这样你才能更好地照顾别人。

虽然这套"先让自己高兴"的说辞有用，陈述的也是事实，但它与真正意义上的照顾、关心自己是两回事，因为你本来就有价值，因为你值得被照顾和关心——而不是因为别的。

信念（八）：我的需求应该由别人来满足

女性需要努力对抗的另一个核心信念是，满足自己的需求不该靠我们自己。

"每个人都该有人照顾。""这些不该我们自己做，这多别扭。""这感觉像是惩罚。""真是受够了，为什么总是我关注自己的需求？不应该是这样，这不公平。"每天都有来访的女性向我抱怨这些。她们确信，关注自己的需求说明自己没得到应得的爱，她们想象其他人都在得到的爱，以及自己应该得到的爱。这有什么不对吗？在童话故事里都是男人呵护女人。

你从心底里认为，照顾你的人不该是你自己，如果你这样做了，那就说明你就有问题。而且，光是从你自己这儿你不可能得到你需要的一切，你对自己的关心只不过是微乎其微的替代品，是给"无人问津"的你的安慰奖，它没法完全代替别人的关心。如果你这么想，你就会对自己的需求置之不理，拒绝承担起照顾好自己的责任，你会像孩子一样，要求别人来照顾你。在你的潜意识里，自己照顾自己就意味着你失败了，意味着你成了爱的游戏中的输家。结果是，你不会关注自己的需求，因此，也满足不了自己的需求。

信念（九）：我得到了别人没得到的，这不公平

你也许没想到，还有一个阻碍我们的需求得到满足的障碍，那就是公平问题。很多女性常常问我，当她们的需求得到满足时，很多人却没这个机会，对这些人来说或许那是种奢求，这样真的可以吗？

温迪（Wendy）已经工作了20年，她决定休6个月的假。辛苦了那么久，也该给自己放个长假了，而且她也需要休整。但遗憾的是，整整6个月，她都为自己的这个选

择感到内疚。她怎么能享受这样好的待遇呢？她很自责。温迪的核心信念是：满足自己的需求，对那些没法满足自我需求的人来说是不公平的。

和许多女性一样，你可能也有这样根深蒂固的想法：你不该比别人得到更多，别人得不到的你也不该有。现实应该是公平的，更何况你得到的比你认为应得的还要多。有了这种核心信念，你就会否定一个无可争辩的事实——生活并不公平，而且对任何人来说都不公平。

有些人天生就聪明、漂亮、有运动细胞，富有创造力和想象力。有些人就是出生在富贵之家，机会多，从家人那得到的理解和支持也多。而有些人不仅缺乏天资，而且家徒四壁，父母对其也漠不关心，甚至更糟。再者，每个人应对机会和挑战的能力，克服障碍和发挥天资的能力也有很大差异。有的人能把柠檬做成柠檬水，有的人则只能尝到柠檬的酸涩。每个人从逆境中反弹的能力、努力工作的意愿、决策的能力、看到生活中积极一面的能力……并不相同，老天爷可不公平，并不是平均分。我们是女性，女性的机会与男性也不相同。事实是，我们只能利用现有的条件尽可能地给自己创造机会。

上天并不公平，这是个不可否认的事实，但你也许仍旧会固执己见，觉得别人没体验过的好东西你也不该体验。你也许会觉得内疚，觉得自己太骄纵，因为你拥有别人无法拥有的机会，不管这样的机会是不是你通过努力赢得的。你认为，在一个机会不均等的社会中，把自己照顾得很好似乎会加剧这种不公平，而你不该从中获益，甚至要为这些生活中的不公平，这些最真实的现实而负责、自责。于是，你学会否定自己，并放弃照顾自己，而所有这些都是为了减轻你的内疚感，确保你不会比别人得到更多。

信念（十）：我多得别人就会少得

与上述信念紧密相关的另一个核心信念是，如果我们得到了想要的东西，拿走了上天给我们的那份好东西，那么其他人就会失去他们的那份。根据这一信念，我们拿走好东西不仅对别人不公平，而且会显得我们贪婪又凶狠。于是，好的体验就被视作有限的资源，就像我们五岁时分给弟弟的那块饼干（我们愿意这么做是因为能得到大人的夸奖）。人人都想要的好东西被我们拿到了，这会让我们感到内疚，因为我们多得就意味着别人少得。总而言之，我们拿到的比我们应得的要多。奇怪的是，我们以为，忽视自己的愿望和需求，等于间接地帮助那些不那么幸运、不那么有天赋的人。

然而，事实并非一方得益，另一方就会遭受相应损失；这其实是我们的想象。忽视自己的需求能在某种程度上抵消现实的不公平，而现实的不公平是让女性感到内疚的又一种方式，我们会觉得那是我们的错，虽然那与我们无关而且无法改变。假装你的需求不重要，不仅不能消除现实生活中固有的不平等，也不会让其他人得到他们需要的东西。无论你是否选择照顾好自己，不平等都会继续存在。你否定了自己的需求和渴望，但没人会从中受益。不过倒是有个人最终会遭受损失，那人就是你。

信念（十一）：得不到满足的需求，不如不知道

在创作这本书的过程中，我就需求的话题采访了许多女性。在整个过程中，她们不断问我同一个问题：如果我很清楚自己的需求得不到满足，那么觉察这些需求又有什么意义呢？我的一个朋友是这么说的："呃，你是想让我更多地觉察到我永远得不到的东西？不用了，谢谢！"

受访女性问到这个问题的频率之高、情绪之强烈让我

注意到女性的另一个共同的核心信念：关注需求的唯一理由是，我们知道自己能被满足；如若不能，或者不能按照自己的心意得到满足，那我们最好什么也不知道。知道了只会让我们感觉更糟——感到更加匮乏，甚至更加消耗情绪。

但事实上，只有通过觉察，我们才能消除匮乏感，获得自由。一旦你能看清楚你行事所依据的核心信念，那些你一直信以为真的假设，以及你一直在坚持、适应、巩固这些假设的方式，那么你就能做出判断，判断这些信念是否确实是真的，你是否仍然相信它们，以及你是否愿意继续相信，继续依据这些信念行事。同时，你也许会第一次学会尊重和照顾自己的需求，那些你曾经认为不值得、不需要和不明智的需求。当你觉察到你的需求，你就可以自由地生活，并能更有的放矢地、更有意识地照顾好自己。

无论你想做出怎样的改变，你首先应该做的就是觉察。你需要看清你一直走的路，了解你是如何走到今天的，否则你将无法开辟出一条新的道路。

第四章 核心信念

在前文中,我们审视了阻碍女性说出自己需求的各种批评和负面标签。我们探究了原生家庭如何影响了我们内心的恐惧和期望,进而影响了我们对于满足需求的态度。我们还分析了我们的核心信念是如何决定我们与他人的相处方式的。简而言之,我们已经弄清楚了是什么强有力的因素会让我们抵触、不信任、不喜欢自己的需求——最终导致我们抵触、不信任、不喜欢自己。

对于这个问题,我们其实已经有办法去改变现状了。我们的社会已经发明了一个解决方案,那就是自我照顾(self-care)[①],这也是我们接下来要讨论的内容。

[①] "self-care" 既可以翻译成 "自我照顾",也可以翻译成 "自我照料",按照中文的表达习惯,下一章的 "self-care industry" 翻译为 "自我照顾行业"。——译者注

第五章
那些自我照顾的"方法"

当珍妮（Jenny）出现在我的办公室时，她只知道，她已经精疲力尽，急需缓解压力，让自己恢复精神。可她不知道怎样才能让自己感觉好一些，也不知道自己需要什么。不过在吐完苦水之后，她的声音变了——很明显，她的语气没之前那么温和了，她居然说她要更好地关心、照顾自己，要对自己"好一点"。她说她得多关注自己各方面的需求。

那次见面让我了解到，珍妮在青少年时期患了一种罕见的遗传病，这个病会让人胃疼得厉害，还会引起一系列其他症状，导致身体变弱。虽然医生提醒了珍妮父母这个病的严重性，但他们并没有当回事儿，认为珍妮身体的疼痛都是她自己想象出来的。珍妮的母亲经常嘱咐她不要小题大做，还说她渴望别人的关注，故意装得很疼。结果就是珍妮一辈子都在拼命压制自己的需求，尤其是那种需要别人关注的需求。

顺理成章地，珍妮最后选择跟这样一个男人结婚：他跟她父母一样，要么对她的痛苦视而不见，要么就是为此责怪她。胃疼时，丈夫会跟她说"想点别的就行了"，而且总是数落她不该这样那样，不然不会胃痛。丈夫的意思是，珍妮的痛苦是她自找的。

珍妮已经39岁了，但没感受过真正的慰藉或关怀。无论她向谁提出情感需求，珍妮都会惨遭拒绝，而且对方还会觉得她的要求不近人情，也不该由他们来满足。珍妮第一次见我时，她心灰意冷，觉得自己配不上别人的关心。她觉得她身体上的痛苦非常招人嫌，更糟的是，这让她也连带着招人嫌。她需要别人的理解与安慰，但这个需求从未得到过满足，它早就成了大家都忌讳而且不愿提及的话题，而现在最不愿提及的人是她自己。

珍妮不知道怎样才能让自己感觉好一些，于是求助于各种自我照顾的实践，并希望它能起到照顾自己的作用。

第五章 那些自我照顾的"方法"

事实上,她发现有很多东西都能让自己感觉更好。没过多久,她就开始去温泉会所疗养,泡声音浴,还给衣柜换了个颜色。她打算好好呵护自己。

三个月过去了,她报的各个疗养项目结束了,衣柜也换上了新颜,颜色淡雅,还覆了一层毛绒面,珍妮说她现在更放松了,也更注意自己的身体了,心态更平和,也更会打扮了。她瘦了5磅①,更自信了……确实是一些积极的变化。

虽然更瘦了、心态更平和了,可珍妮仍然会因为身体上的疼痛而觉得孤独、内疚。她的大部分感受仍然不被允许和接受。她依然渴望能有一个让她觉得安全的地方,在那里她可以说出自己的真实感受并得到别人的理解,而不是批评。她仍然为自己的需求感到羞耻,她生自己的气,觉得自己不该难过,不该那么依赖别人。

珍妮的那些自我照顾实践并没有起到什么实质性的作用,因为这与她本来的身份、她真正需要的东西无关。这些产品和服务并不是她内心真正需要的;也不是从她内心真正的渴望或感受出发的。让生活增色的东西对她来说虽

---

① 约合2.27千克。

然有帮助，可并没有触及她情绪疲惫的核心——不被认可和接受的情绪需求。它们也不能修复她与自我的关系。事实上，许多女性的感受都差不多，这些产品和服务并不是为谁"量身定制"的，它们多种多样，是解决身体不适问题的通用处方。珍妮勤勤恳恳地呵护了自己几个月，可依然感到疲惫，只不过现在的疲惫感披了一层柔和的彩色外衣。

我所说的情绪疲惫包括许多症状，但目前并没有明确的统计数据来说明这个问题，下面我们就来看看，当今女性在感受到"压力"这个笼统的描述时会有哪些感受。最近一篇关于美国人压力水平的报道指出，23%的女性说她们的压力水平在8—10级，而10级是"非常大的压力"。这些数据也与我的研究相吻合。不过，我们听到的说法，以及商家灌输给我们的说法都是"我们总有办法放松下来，总有办法解决我们的问题，总有办法治愈我们的情绪疲惫"。

自我照顾行业的发展史

广受女性欢迎的自我照顾行业实际上是一个年交易额

高达110亿美元的高利润行业，而且你能想象得到的所有消费性产业几乎都打着自我照顾的名义：水疗、沐浴、饮用水、护肤、蜡烛、葡萄酒、精油、鲜花、旅游、食品、家居设计——不胜枚举，它们都在自我照顾的行业市场中占有一席之地。2020年的一项研究表明，谷歌搜索次数最多的关键词就是"自我照顾"。

但市场是如何走到这一步的，怎么发展出以自我照顾为噱头的广阔市场的呢？想要弄明白这个问题，我们得先回顾一下这个超级行业的发展历史。在水疗与"购物疗法"（retail therapy）算得上是自我照顾之前，自我照顾到底指的是什么？

早在公元前5世纪，苏格拉底就谈到了"认识你自己"（knowing thyself）的重要性。他鼓励他的学生关注自己的思想、看法和感受。苏格拉底认为，未经审视的生活是不值得过的。法国哲学家米歇尔·福柯（Michel Foucault）也认为，认识你自己是关切你自身的最初形式。

苏格拉底教导学生要过自我照顾的生活，很多个世纪之后，人们对理想的生活状态的兴趣已经消退，自我照顾变得更像是一个医学概念。在20世纪六七十年代，自我照顾指的是能独立自主地生活，以及能有一个较高的生活质量。当时，自我照顾这个词主要针对老年人和精神病人。它强调锻炼身体和健康的生活方式的重要性。此外，自我照顾也针对手术后的病人；它侧重于教病人照顾自己，以促进疾病的痊愈。

再往后，自我照顾不仅针对病人，也针对卫生保健工作者，特别是那些从事高风险、会消耗情绪的职业从业人员。人们开始认为自我照顾是从事健康护理职业的人所需要的东西，因为这能帮助他们避免倦怠和压力，保持身心健康。所以人们开始有这样的想法：自己不舒服就没法照顾好别人，不仅是身体方面，还有情感方面。

后来，为了响应民权运动、妇女解放运动，自我照顾又有了新形式。它超越了个人的范畴，与政治和权利联系在一起。健康状况差与贫穷有关，因此，健康成为打破种族、性别、阶级和性取向的权利结构的必要因素。健康方面的不平等被视为最不人道的不平等。假如公民无法拥有健康的体魄，那其他的只能免谈，也就无法打破任何旧的权利结构。

在这些运动中，自我照顾成为一种抗议的形式，一种赋予民众权利对抗社会不公的方式。

20世纪后半叶还发生了一个转变，那就是自我照顾被

第五章 那些自我照顾的"方法"

纳入身心健康的范畴,它扩展了传统的西方医疗模式。当时人们的想法是,人类的身体和心灵需要更加全面的呵护。通过自我照顾,我们可以积极主动地保持身心健康,而不仅仅是去找医生治疗疾病。于是,身心健康和自我照顾就有了密不可分的联系。

正是从这时开始,自我照顾有了不同的意味,比以前更轻松、更积极。健身成为普通人都会参与的一种自我照顾形式;健身房的数量激增,来自东方的瑜伽也开始出现在日常生活中。健身中心也成了企业组织结构的一部分,因为企业主认为自我照顾对员工的健康和生产力越来越重要。

在美国"9·11"恐怖袭击事件发生之后,创伤后应激障碍(post-traumatic stress disorder, PTSD)这个词成为美国文化的主流话题。在此之前,心理健康工作者也一直在帮助人们缓解与PTSD相关的心理问题,但之前患PTSD的人主要是战场上回来的士兵,然而在世贸大厦化为瓦砾后,PTSD以前所未有的强度给心理健康工作者带来了冲击。于是,自我照顾逐渐成了从事护理工作的人的必备技能,包括创伤护理人员、现场急救人员、社工,等等。照顾他人会引起同情疲劳（compassion fatigue）①、情绪倦怠，自我照顾则被认为是防止这些情况出现的必要做法。

现在，随着我们迈入21世纪，技术飞速发展，我们的价值观也在发生变化。我们越来越注重努力与奋斗——当然也注重在这个过程中创造财富。与此同时，自我照顾也在与时俱进，它成了让我们更有效率的一种方式。雇主更喜欢善于自我照顾的员工，因为他们能创造更多的财富。

我们越来越注重新的产品、新的体验——只要这样东西能让我们感觉更好、更快乐，我们就愿意买。现在，自我照顾代表的是这样一种可能（虽然没有明说）：只要我们花了足够多的时间、精力和金钱照顾自己，最终我们不仅会心态平和、重现活力，更重要的是，会拥有富足、美好的生活。

自我照顾并不管用

今天，可供我们选择的是价值数十亿美元的产品和服

---

① 指经历过太多感同身受的同情后产生的淡漠情绪。常见于特定类型的职业，如医护人员。——编者注

务，它们存在的意义都是为了呵护我们并让我们身心健康。而且，现在我们购买这些产品、使用这些服务的速度前所未有。然而，我们仍然感到压力重重、精疲力尽，也许比以往任何时候都更甚。我们在购买健康，但我们身心不健康。这到底是怎么了？这种模式有问题吗？为什么这些自我照顾的办法都没能照顾好我们？

事实上，自我照顾没问题，这些做法也没问题；谁会拒绝巧克力面膜、薰衣草蜡烛呢？再说泡泡浴，它的好处远远大于坏处。我们没问题，我们目前所采取的自我照顾模式也没问题。问题在于自我照顾这个体系，尽管表面上会让人觉得满足，也能起到暂时的舒缓作用，但就我们的困扰而言，根本就是"药不对症"。

自我照顾的问题不仅仅在于其不治本、不对症；要只是这样，那倒也没什么大不了。更大、更麻烦的问题在于，我们采取的自我照顾的方式实际上是在固化我们的情绪疲惫，而这正是自我照顾声称可以治愈的问题。

女性又多了一项责任

首先，自我照顾已经成为我们待办事项清单上的另一个应该做的事情,也成了另一个让我们感到羞耻的潜在缺点。你有没有好好照顾自己?你为自己做得真的足够多吗?如果没有,那就去做。我们不断从其他人那里、自己的脑海里听到这样的声音。为了成为更好的自己,自我照顾成了另一项我们需要履行的责任。这是另一种能成功证明我们关心自己的方式。谁能想到,女性现在又多了一样负担:我们得呵护自己,因为我们得给关心我们的人和自己一个交代。如果做得不够好,那我们就会再一次责怪自己。

  同时,自我照顾已经成为一个意识层面的概念,它与我们、我们直觉上想要照顾好自己的本性是脱节的。自我照顾这个概念孤零零地悬在半空中,与它的有机本源脱钩了,而这个本源就是你。比如说,你跑步是因为你喜欢身体动起来的感觉,你能感觉到运动时大脑在分泌能让你快乐的内啡肽,还是因为你觉得你应该跑,因为有益于身心健康呢?要知道,这两种动机所产生的效果很不同。如果你的动机是自发的,而不是因为你知道跑步的好处,那你就更有可能主动走出家门。而你应该去跑步的想法可能只会让你躺在沙发上,你的运动鞋大概率也会躺在鞋柜里。但是,即使你真的走出家门,你的自我照顾最终也会沦为你需要从任务清单上画掉的一样任务,它只是为了证明你是个负责任、能好好照顾自己的女性。

奇怪的是，自我照顾越受欢迎，它就越是背离了它的初衷。我们把自己的权利让渡了出去，托付给了更可靠的专家，他们很乐意告诉我们要怎么做，而我们则尽心尽力地听从他们的意见。在这个过程中，我们最根本的直觉与最深刻的认识被破坏了——也就是想要照顾自己的动力与知道如何照顾自己的智慧——没了这些，我们不可能做到真正的自我照顾。

在我们与自我照顾的关系中，还有一个纠缠不清的"应该"，它让我们更难满足自己的需求。简而言之，我们相信，那些倡导自我照顾的励志图片和文字，还有我们成批购买的精油扩香器、柚子茶和氧气鸡尾酒应该会让我们身心健康。如果我们裹着细腻温暖的羊毛毯，做了浆果果汁面部护理，我们仍然得不到满足，仍然没有恢复活力，那一定是我们有问题。可悲的是，自我照顾现在成了让我们觉得自己贪得无厌、内疚的另一种方式，我们内疚是因为我们拥有那么多，但需求仍未得到满足。

我们对自己花钱买来的这些东西并不满意，原因很简单，它们无法满足我们真正的需求，也不能从根源上让我们恢复活力。尽管如此，我们仍然相信这些自我照顾的方式，并装得好像它们就是我们所需要的一样，仿佛皇帝的新装。

自我照顾是种干扰

大多数自我照顾的方法确实能在短期内缓解我们的一些症状，能从表面上解决情绪疲惫这个系统性问题。是的，洗泡泡浴的感觉当然很好——你的肌肉会放松，思绪会告别一天的烦恼，飘到远方。你会自我感觉良好，并且很受鼓舞，因为你是在呵护自己。但要不了多久，你又会……身心俱疲。

因为这种缓解是暂时的，我们会不断地渴望更多：更多建议、更多产品、更多项目，更多来自专家的解决方案……我们坚信，专家们比我们更清楚我们自己需要什么。事实上，我们的整个自我照顾体系主要是通过两件事让我们感觉良好：一是寻找答案，二是用别的东西干扰我们，让我们感受不到自己不愿意感受的情绪，同时又在不停地修复自己。

无论是对酒精、购物、运动，还是对其他事物成瘾，都能帮助我们暂时回避真正的问题。因此，我们自我照顾的方法也只是让我们暂时感觉良好，这样我们就可以忘掉生活中不顺心的事。

虽然通过自我照顾获得短期的缓解不会像成瘾那样伤害我们，然而，当涉及解决我们面临的、与自身需求有关的更深层次的问题时，这些解决方法不仅无法胜任分配给它们的工作，而且会把我们的注意力从更深层次的脱节问题上转移开；它们会让我们迷失方向，就像是耳畔响起的甜言蜜语。这种自我照顾体系可以安抚我们——让我们在忙碌之余"宠爱"自己，但它与我们真正的需求相去甚远。

无尽的搜寻

可以说，这种自我照顾体系都是基于消费行为，于是就会产生一个问题：它把自我照顾变成了一种商品，一种可以购买的服务，其作用是提高我们的生活质量——是外在的附加物。这个前提的弊病是，它再次让我们陷入"搜寻模式"，我们总是在身外之物中寻找，以填补自己内心的空洞，满足自己无以名状的缺失感。自我照顾产品和服务源源不断、新品倍增，它们信誓旦旦地声称可以照顾好你（从而让你变得满足），可你还是会觉得自己缺了点什么。只要没找到适合你的教练、课程、身体护理、花精疗法或是芳香精油，那就意味着你需要继续寻找。

在不断的找寻和搜索中，我们强化了这样一种信念，即我们总得找到点什么，才能让自己的内心变得富足和圆满；而说到需求，别人才是懂行的专家，即使牵扯到的是我们自己的需求。但无论找到的答案多令人不满、效果多短暂、多不适合自己，我们仍然会继续寻找自己需要的东西——向外四处寻找，可那样东西明明就在我们自己的内心。

如果你相信自己的根本幸福依赖于外部的东西，那你的注意力就永远是向外的——你想找到那个能起到立竿见影效果的办法。其结果是，你不再把自己看作目的地，而是出发地，是你不断远离的地方。也就是说，你做的一切都是在远离自己。

从你出生的那一刻开始，你就在持续受到这种由外向内的思维方式的影响，于是，最终你会与自己的直觉、与生俱来的认识脱节并疏远。这样，你也与你最值得信赖的向导——你自己，脱了节。你想要照顾好自己，却放弃了你自己这个权威。事实上，只有你自己知道，什么才是对你最好的。

现在我们熟知的这种自我照顾体系，会在不知不觉中影响我们，其所造成的后果很隐蔽，也不易察觉。它会让你永不停歇地在外部寻找权威，从而让你远离和摒弃你内心的权威。结果就是你——还有所有女性——都会感到不安全，并与自己的智慧和真实感受失去联系。我们会不信任自己，认为如果我们不向其他人征询意见，我们就无法照顾好自己。

终极的自我照顾源于你自己

如果你仔细想想，你就会发现自我照顾行业的基本假设是很荒谬的，它认为我们得提醒自己，要善待自己；我们得告诉自己，我们值得自己的关注。我们创造了一个体系，在这个体系中，我们需要靠便条提醒才会记得照顾自己，我们需要整个行业来指导我们怎么做。值得注意的是，我们似乎都赞同这一点。但事实上，说服自己相信自己是值得照顾的，这既不合理也不明智。或者说，自我照顾的根基——关心自己——已不再是我们照顾自己的主要驱动力，我们把这个根基托付给了一个行业。

对一些人来说，自我照顾就是要保证 8 小时的睡眠，要吃复合维生素片。但在很多女性看来，自我照顾其实就是自我提升。我们愿意为各种各样的商品和服务买单，不仅仅是因为它们能让我们感觉良好，还因为它们会帮助我们成为更好的自己。还记得第一章提到的"讨好的樊笼"吗？仔细想想，你会发现，如果我们把自我照顾理解为让自己变得更好，那实际上它反而会让讨好的樊笼更加牢固。

商家的营销策略是，让你觉得你应该把产品和服务作为礼物送给自己，它暗含的信息是：你永远不能停下忙碌的脚步，永远不能觉得自己皮肤很好，永远不能满足于现状。放心好了，你总有做不完的事——你得先"改造"自己，然后才有可能接受自己，对自己满意。

从年轻时开始，女性就踏上了自我提升的征程，她们在这条永无尽头的路上艰难跋涉。为了自己，我们不断前行；我们怎么会不想成为更好的自己呢？如果我们停下脚步，我们就会让自己和其他人失望，无法成为更好的自己。而"更好的自己"这个说法说明我们现在不够好。对一名女性来说，只要活着就得努力提升自己。很显然，这种自我照顾的说法其实是换汤不换药，只不过它看着更具欺骗性、迷惑性和蛊惑力。

第五章 那些自我照顾的"方法"

现实的补救方法

虽然没有明说，但自我照顾行业给我们许下了承诺——只要你做了足够的自我照顾，并且把自己照顾得非常、非常好，那你肯定会过上美好的生活。这就是关键所在，它的言下之意是，美好的生活不会遭遇任何挫折和不幸。自我照顾行业给了我们微妙的暗示：它会保护你免受痛苦。如此一来，自我照顾就与美国文化中的一个信念紧密联系起来了，即生活不应该是艰难的——或者说如果我们做得对，它就不该艰难。

但问题正出在这里。因为生活本来就是艰难的，总会有坎坷。无论泡了多少次舒缓身心的蜂蜜浴，我们最终也都会走到人生的尽头。没有人能一辈子不经历磕磕绊绊。而自我照顾行业让人误以为人生就应该一帆风顺，让人相信生活闻起来应该像刚出炉的面包一样香甜，看起来像明星的朋友圈一样幸福美好，摸起来应该像羊绒一样舒适。遗憾的是，虽然自我照顾很多时候会让人感到愉悦，有时甚至很管用，虽然它们可以暂时地抚慰我们，但它们没法让生活中深层次的创伤消失，它们最终依然会被现实所打败。

事实上,有时外部的活动或呵护确实能滋养我们,但其效果往往很快就会消失,之后我们会变本加厉地渴求更多。自我照顾所带来的片刻慰藉能说明并揭示女性需求的诸多特点。下一章我们将回答以下问题:好的自我照顾能给我们提供什么?真正有效的自我照顾能给我们带来哪些滋养?

通过了解什么能疗愈我们的疲惫,我们可以更好地理解疲惫本身。此外,我们可以建立一个新的自我照顾体系,这个体系可以针对问题根源,给予女性真正的、可持续的慰藉和补给,而不是那些眼花缭乱的营养品和护肤品。

第六章

自我照顾是通往深层次需求的一扇门

很明显，自我照顾行业在设计上是有问题的。那么，哪些由外向内的自我照顾是有效的呢？这个问题很值得研究。我所说的由外向内的照顾，指来自外部的呵护或体验，而这些治疗或体验是我们无法提供给自己的东西。按摩疗法经常被认为是一种有效且治愈的外部自我照顾方式，这就是我选择研究它的原因。于是，我访谈了几十位女性，目的是了解她们按摩时的感受。

需要说明的是，我并不是在向大家推荐按摩疗法（或任何其他疗法），而且我知道，由于按摩的费用较高，很多人享受不到这样的服务。我只是把按摩疗法作为一个切入点，通过它来帮助我们审视自己的内心，弄清楚我们真正想要什么、需要什么，以及需要为自己提供什么。我把按摩过程中的体验一一分解，以便弄清楚我们所找寻的是怎样的心理养分。

如果你不喜欢按摩，那你不妨设想一种对你有效的自我照顾方式，关键是它可以满足你的需求。具体哪一种方式并不重要，关键在于它能让你感到自己被照顾、被满足。

剖析按摩的体验：女性的真实反馈

在我们体验按摩时，一开始，按摩师会把手放在我们身上。此时，我们的大脑依然没有闲着，我们也许会想：她怎么还不开始啊，这样耽误时间可不行啊，每一分钟我们都付了钱啊。但很快，这些念头就消失了，我们会感受到按摩师的手，觉察到身体里各种各样的感受。我们的关注点移到颈部以下，作为回应，身体开始不自觉地呼气——虽然大脑并没有发出指令。尽管还没按摩到肌肉，但我们现在感觉很好，感觉自己受到了照顾。

接着，按摩师开始用力，她不慌不忙、体贴入微——根本不用我们嘱咐。在这段时间里，我们能直接感受到自己的身体，沉浸于自己的感觉和情绪，但我们并不想弄明白到底发生了什么，为什么会这样。

在某个时候，我们可能会发现自己又回到了固有模式：我们会打破当下心绪的安宁状态，开始想些别的事，不再关注自己，而是关注如何给按摩师正面的反馈，好让她高兴——其实，我们照顾的是她，不是自己。换言之，我们总是按照老习惯行事。好在我们可以把注意力转回自己身上，再次安静下来，并提醒自己，这一刻是属于我们的，我们需要做的是接受——只是接受。如果我们能重新关注到自己的感受，就能得到真正的解脱，不仅仅是身体，还有思想、精神，乃至我们整个人的存在。因此，在离开按摩间时，我们会觉得自己被真正地照顾到了，觉得自己的需求得到了满足。

这就引出了一个问题：在这个过程中，究竟是什么起到了作用，是什么真正滋养了我们？按摩确实很美妙，但让我们身体得以解脱的甘露和养分到底是什么？事实证明，凡是能真正让我们感到满足的自我照顾，都有着某些共同的因素，是这些因素能让我们恢复精神。

深层次的探索

沉浸于当下。 与受访女性交谈时，我们一次又一次地提到一个强烈的愿望和需求，那就是从自己的头脑中摆脱出来——形象地说，就是要失去理性的一面。而自我照顾恰恰给我们提供了这样的机会——将我们的注意力从思考、计划、管理、解决问题、完成待办事宜等一系列脑力活动中转移出来，一头扎进直接感觉的世界。有效的自我照顾能让我们专注于当下；它能把我们的思绪从过去和将来拉回到现在，沉浸在现在。简而言之，就是从理性思考切换到直接感受。

在这样的时刻，我们可以停下脚步——虽然大脑会习惯性地运转、完成任务、达成目标，而我们可以按下暂停键。我们不必像一个不停旋转的陀螺，我们可以接受现状，满足于现状——不必努力让现状变得更好，让自己拥有得更多。事实证明，我们需要和渴望的并不是更多，而是更少。

体验片刻的宁静。 我们每天都在不停地想事情、做事情，受访女性不仅希望自己能得到片刻的休息，还表达了对宁静的向往（和渴望）。正如人们常说的那样，这种向往是一种放空、一种逃离，逃离日常的喧嚣与吵闹，逃离需要耗用脑力应对的铺天盖地的信息。宁静会带来一种深深的解脱感和修复感。心灵、身体和灵魂浸润在寂静中，就像经历过沙漠长途跋涉的人浸润在甘甜的泉水中一样舒适。

事实上，这种宁静往往会从无声转变为有声，也就是说，转变为我们自己的声音，我们的整个身心都想倾听这个声音，想在其中休憩。即使宁静结束很久之后，我们仍会感到与它有联系。我们甚至会注意到各种声音间隙的那一份宁静，这有助于我们恢复活力。对许多女性来说，这种简单到极致的体验——宁静——具有极强的修复力，它正是我们的身体、心灵和大脑所渴望的。因此，它是我们从疲惫中复原所需的重要（但往往被忽视）因素，也是能帮助我们恢复活力的重要因素。

自己关注自己。有机会得到另一个人的照顾和关心是一种非凡的经历。但更重要的体验是，有机会自我照顾，一心一意地关注自己——陪伴自己——不去想别的，也不会感到心烦意乱或内疚。有效的自我照顾会向我们发出这样的邀请——学着习惯自我陪伴，一心一意地关注自己，满足自己的需求。多数女性都很难将照顾他人等外部责任统统放下，回归自我，如果她们能做到，那一定能带来巨大的改变。

学会接受照顾。有效的自我照顾的关键是要给予女性接受照顾的机会，无论是哪种形式的自我照顾。确切地说，是在接受的同时而不觉得自己必须给予。有效的自我照顾为我们提供了这样一个机会——尽管别人有需求，但我们可以选择"离线"。它能让我们体验彻底属于自己的东西。一切能从精神和情感层面给我们补给的自我照顾，都包含一个不可替代的因素，那就是接受这种深刻的体验。虽然它的重要性不言而喻，但我还是要再强调一遍：想要感到被照顾，我们必须让自己接受照顾。

找到真正想要的东西。有效的自我照顾之所以会起作用，原因很简单：它给我们的，恰恰是我们真正想要的。它之所以有效，是因为我们可以随时随地地进行，而不必说服自己相信它的价值……不必改变对我们对自我照顾的负面看法，不必结合特定的情况去考虑它，也不必认为它有多重要。我们不必绞尽脑汁说服自己，自我照顾对我们自己或者对别人有好处。归根结底，女性不需要用理性说服自己，自己"应该"需要什么。很多时候，女性做一件事都是因为她们觉得自己"应该"这么做。但事实上，我们想要照顾自己是因为我们有明确、直接的渴望，而我们不能否认渴望的存在，而且，它比想法、责任或外部对我们的需求更重要，甚至比我们自己还重要。是渴望驱动我们，而不是我们驱动渴望。照顾自己能让我们重新焕发生机，是因为它与我们做的很多事截然不同，是因为我们发自内心地想这么做。

当我们抽丝剥茧后就会发现，有效的自我照顾为我们提供了一个机会，让我们体验到自己在深层次上真正需要什么，而在这之前，我们甚至都不知道自己的需求。而且，有效的自我照顾，无论其形式如何，都包含一些基本要素，而这些要素出人意料的一致。这些能让我们身体、精神、情感和灵魂得到修复的方式多种多样，但本质上它们是相同的。它们让我们意识到，我们必须关注、呵护自己的内心。

你需要的不是水疗，而是接纳自己

再次重申，我不是在给按摩等疗法打广告，也不是在给你提建议。尽管有些由外向内的自我照顾会让你很愉悦，有时也会很有帮助，但如果你真的想治愈你的疲惫，且希望找到一个切实可行、效果持久的解决方案，那你就不能指望按摩或是其他外部的经验、人或产品给你带来幸福。真正的自我照顾应该是由内向外的，应该穿插在日常生活中，而并不需要那些令人眼花缭乱的产品和服务。当然，你可以购买那些产品和服务——这又有何妨？但请不要以为它们可以修复你的情绪疲惫。因为，自我照顾靠的是你自己，它必须源于你的内心。说到底，它不是一种行为，也不是一样东西，而是你建立并培养的一种关系——你与自己的关系。

自我照顾是否有效只取决于一件事：你是否愿意接纳自己，与自己友好相处——发自内心地关心自己。为了得到你真正需要的东西，你必须改变之前你与自己需求的关系、与自己相处的方式，并构建出新的方式。按摩固然美妙，但更美妙的是你意识到你具备让自己恢复活力所需的一切，即使水疗中心不营业，你也一样能行。你可以在你的内心找到有效的自我照顾所需的一切基本要素。

关注你的习惯和你自己

在自我照顾之前，你必须首先意识到，你在哪些方面做得不够。想要以不同的方式生活，你必须从现在开始就采取不同的方式，也就是说，你要清醒地认识你目前的行为模式。你可以留心自己通常会关注哪些方面，留心外界的干扰和需求如何分散了你的注意力。记住，你所关注的是你认为重要、有价值、有影响力的人或事，他们会对你的生活产生影响。

作为女性，我们的注意力似乎永远都放在别人身上，我们想知道身边人是否幸福，同时也担心他们会不幸福，我们关注的是他们与我们的关系，而不是我们与自己的关系。社会教化告诉女性，我们应该关注身边人、身边事，然而有一点要注意：其中不包括我们自己。关注自己就等于说我们也很重要，而这往往被看作自私的表现。

一旦发现自己有这个习惯，你就应该调整向外而非向内的互动方式。觉察到这一点，你就可以重新设置你的模式，你就会觉得自己的感受也值得关注——并开始关注自己的感受。

你也许会觉得，关注自己听起来既任性又毫无用处，根本就不该这样。但我们有必要这么做。关注自己、关心自己是你最基本的权利，而且完全没必要因此觉得内疚或羞耻，当你可以这么想的时候，才会有不同的事情发生，才会与自己、与世界建立新的联系。如果你能把自己作为关注的对象，你就可以把自己的幸福托付给你自己，把自己的需求交由自己照料。

关注自己，别总是为别人奔波

女性总是同时要处理很多事，这无可置疑。大多数女性都觉得自己忙得喘不过气。我们一刻也不得闲，总在想还有谁没照顾到，还有什么没做，还有哪些地方要去。我们的行动基于这样一种信念，即如果我们想把该做的事都做好，那我们就不能只关注当下，只看到眼前，只关心现在。然而，这种信念不仅不对，还会让我们总是感到疲惫。

如果你总在忙着照顾别人（即使只是心里惦记着还没有做什么），不能关注自己、专注当下，你就会长期处于殚精竭虑的状态。如果你想在深层次上治愈你的疲惫，那么你必须活在当下，活在此时此地。把计划、管理、照顾、给予等凡是需要劳心劳力的事统统暂停，接受并欣然接纳当下——只关注现在。而且，你要相信（即便这可能与你所接受的教化相反），要想顾全其他人、其他事，最好的办法就是关注现在这一刻，最重要的是，照顾好活在此刻的你。

一旦学会了察觉自己注意力的关注点，并能把注意力转移到自己、自己的感受上——我把这称为"回归自我"——你就拥有了"超能力"。在任何时候，你都可以从内心的纷扰和忙碌的思绪中抽身，不再惦记还有谁没被照顾到。你就可以关注到自己和当下，可以给自己以心灵的滋养。无论什么时候，只要你感觉自己有需求，你就可以停下来、放下，从忙碌的状态转为放空的状态。

由内向外的自我照顾要求你从身体、心理、情绪三方面，有意识地停下脚步。而且，你不能总是关注外部，你要给自己喘息的机会。你得学习如何让头脑不工作。让自己从纷繁的思绪中跳出来，进入你的身体，有意识地深呼吸，感受你的身体，这样你就能朝着正确的方向前进，远离你头脑中的思绪。这个看似简单的做法，却能有效帮助我们恢复能量。它能把你的注意力从外部和忙碌转移到内部和存在——让你有意识地静下来，进入内心，关注自己当下的感受。这才是真正意义上的自我照顾。

感受自己的渴望

现实情况是，要想扮演好我们该扮演的所有角色，把自己扭曲成该扭曲的形状，我们都要付出沉重的代价。具体来说，这种代价就是我们不再倾听自己的渴望，也不再去感受自己有渴望是什么样的感觉。当"我想……"在我们耳畔低语时，我们听不到；当它因我们而疼痛时，我们感觉不到；当它尖叫时，我们毫无反应。我们只关注脑海中那个可信又响亮的"应该"的声音，我们清楚地知道（并听从那个声音的命令）我们在某个时刻应该做什么，应该感受到什么。

我们习惯于优先考虑"应该"的声音，但真正的自我照顾需要你调整侧重点，倾听你的内心，不是那个理性的"我应该"，而是感性的"我想要"。也就是说，我们要有意识地倾听内心"我想要"的声音，感知它独特的魅力。这需要我们注意到自己内心的渴望，尊重它，并想要了解它；同时在核心层面上，与你自己的渴望建立一种新的关系——这种渴望，即使你压抑它，它依然存在于你的内心深处。如果你一直被"应该"的声音牵着鼻子走，那它会把你引向精疲力竭；如果你有勇气去感受并追随渴望，你就会找到活力的源头，并最终走向内心最真实的东西。

你还要明白，你具体渴望什么并不重要；认识并欣然接受你的渴望，并不意味着你一定能满足自己的渴望。渴望是独立的存在，不受你的信念、想法、外界因素的影响，你要做的是觉察你有渴望时的感受，并与这种感受友好相处。简而言之，你要养成一种习惯——时常问问自己想要什么，且在需求刚冒头时注意到它，在它出现时认可它。

最后，不要纠结自己到底是在渴望什么，而是要找到渴望的根源，即渴望产生的地方。如果你能找到这个地方，能在那里更好地认识自己，能发现自己的智慧，那你就圆满了。然后，你就获得了打开内心城堡的钥匙。

我的需求应该由谁来满足？

大多数女性都相信，从某种程度上来说，弄清我们的需求是别人的责任——不仅要弄清，还要满足。但实际上，只要你是个成年人，那么这个责任、这个特权就是你的，而且是你的专属。我并不是说别人就没必要关心和满足你的需求了，有时也有必要。但与你所期望的相反，当然也与强行兜售给你的美好幻想相反，了解你的需求、满足你的需求（满足你），并不是你的另一半、朋友、家人或任何人的任务。如果有人乐意这么做自然是好，但照顾好自己、让自己幸福的任务最终属于你自己。如果你能全心全意地承担起这个责任，不抵触、不抱怨、不指望别人，那说明你已经准备好以最成熟的方式照顾好自己了。

　　大多数自我照顾的方法关注的都是行动：你要做什么，要怎么表达需求，要做出哪些改变——以满足自己的需求。有行动固然好，也很必要，但直接行动就跳过了一个最基本的步骤——先从内心关怀自己、关爱自己，而这是一个不能省略的步骤。也就是说，要先改变内心，再采取行动；如果内心不爱自己，那做什么都是表面文章，无论是冥想还是鲜花都无济于事。要知道，绕过内部感受直接改变外部感受是没有用的。我希望你在关心自己时不要跳过这一步。

　　满足自己的需求是一项与你自己的内心有关的工作。事实上，只有学会（而且愿意）以新的方式与自己相处，你才能以新的方式与外界相处。只有发自内心地尊重并喜爱你所支持的自己，你才能成为自己的支持者。简单地说，如果你不能从你自己那里得到你所需要的东西，那么你也不能从外部世界得到。下一章我们就来看看如何从内心开始接纳自己。

第七章

接纳自己的全部

尼基（Nicki）的生活令人艳羡——她很爱她的丈夫和三个孩子，全心全意地照顾家人，把家里弄得漂漂亮亮，一家人和和美美。对于自己所拥有的一切，尼基非常感恩，但同时她也感到困惑和束缚，对自己的生活越来越不满。正因为如此，她才会出现在我的办公室。她说，她渴望的不仅仅是家庭幸福，她不想自己的生活只围着别人转，只为了让别人快乐，即便她很爱他们，很愿意为他们付出。她想记起完全做自己、完全为自己而活的感觉，找回那个消失在庞杂、烦琐的责任中的女人。尼基渴望在生活中找到真正的她——而不仅仅是为了其他人而活的她。

情绪疲惫的你

几年来,这种渴望一直使她感到刺痛,那种痛苦越来越剧烈,越来越频繁。但每次感受到自己的渴望时,尼基都会进行自我攻击。她愤怒地提醒自己,她拥有别人想要的一切,日子"不知道多舒服"。她的生活那么美满,怎么还敢有需求?她是不是有什么问题,样样都不缺,怎么还不知足呢?对此,尼基唯一的办法就是压抑自己的感受,停止内心的抱怨,她的原话是"别再胡说八道"。尼基的真实感受让她觉得自己是个坏家伙,所以,必须把这些感受清除。遗憾的是,像往常一样,当她清除这些感受时,她也清除了她自己,这下更麻烦了。

你可能也像尼基一样,会经常提醒自己,你不该有你感受到的那些感受,也不该有你需要的那些需要。你认为,允许自己认识到自己的不满,倾听内心的渴望,只会让你觉得需求没被满足这件事情更糟,自我感觉也更糟。

但指责自己的感受并不能让你感觉更好,当然也不能让你不想要的那些感受统统消失。事实上,它会让那些感受变得更加强烈,并给你带来更多惩罚——你会把自己视为敌人,这会让你与你渴望联系的自我进一步脱节。问题是,你想找办法照顾好自己,却不允许真正的自己或真正的需求出现;你在为一个不被允许存在的"自我"提供自

第七章 接纳自己的全部

我照顾。

最终,尼基用了另一种办法来消除自己的真实感受,这也是许多女性在与自己为敌时都会用的办法。最开始,尼基会在晚饭时喝一杯葡萄酒,但没过多久就升级成了每天一瓶霞多丽白干。然而她发现,葡萄酒不过是麻痹了自己的感觉,而且只是暂时的。那些感受仍然在那里,仍然无人问津、无人关心,仍然在吸引着她注意。乏味和困顿的感受依然存在,同样的渴望依然在她内心燃烧。事实上,在被酒精麻痹的时候,这种痛苦甚至更剧烈。

尼基用酒精麻痹了自己两年,她尽量不去感受她不想感受的东西,尽量避免成为如果她不麻痹自己就会成为的那个人,然而感觉到疼痛的不仅仅是她的心,还有她的肝脏。谢天谢地,后来的尼基意识到了问题,她决心转变方向。

她转而投向了自我照顾的怀抱,这是她采取的新方法——另一种成瘾。她买了高科技美肤灯,收集水晶,学习烘焙,做瑜伽,去丛林徒步。她开始吃素,泡澡时会加产自喜马拉雅山的浴盐,她喝进肚子的柠檬水多得足够让泰坦尼克号沉没。她确信,成为自我照顾行业的拥趸,成为这个行业的"瘾君子",能帮助她清除自己不想要的感

情绪疲惫的你

受，满足自己未被满足的需求。她的说法是，她把这个行业的产品和服务都买了个遍，"总算能先照顾好自己了"。

但不幸的是，就像霞多丽没法真正解决问题一样，这些办法也给不了尼基真正需要的东西。它们不能让尼基不想要（也不应该有）的感受消失。尼基想尽一切办法来消除她情绪上的饥渴，可它仍然在那儿，仍然贪婪，而尼基仍然要为自己的那些需求自责。

事实上，我们的情绪疲惫并不是由实际的生活状况引起的，尽管有时生活确实很艰难。相反，我们的疲惫往往是我们对自己的经历和感受持惩罚性态度的结果。我们之所以疲惫不堪，是因为在遇到困难时，我们与自己相处的模式有问题。

想一想你的生活：你是否常常对自己的感受不屑一顾，甚至持批评态度？你是否认为你的感受是错误的、不该有的？像尼基一样，你是否渴望与自己联系，渴望完全忠于自己的内心，但同时又对自己和自己的真实感受感到沮丧和失望？

这是一个艰难的困境，在这个困境里，你不仅要与现实抗争，也要与自己抗争，而这些抗争会让你陷入无休止的情绪消耗中。因此，你所面临的真正挑战依然是如何调整你与自己的关系。

关键：觉察和态度

有效且效果持久的自我照顾通常包含两个要素：觉察和态度。你得先觉察并承认你的大脑、心灵和身体内发生了什么，然后再谈改变。你必须准备好接受你的真实感受，无论你是否希望它是真实的。最重要的是，你要形成一种接纳的态度，允许任何情绪在你内心升起——无论何种情绪，它都是真实的。如果你希望你对自己的照顾真的有效，真的能给你带来补给，那你必须觉察自己、接纳自己。

其实，学会照顾自己并没有什么诀窍或不二法门，你也不必清除掉那些你认为自己不该有的欲望和需求。你真正需要做的是：

- 相信你的感受就是你的感受，你不应该因为自己的感受遭到责备。你的感受是重要且合情合理的，它确确实实是你的感受。
- 不要因为你的感受而批评、指责或羞辱自己。
- 展现真实的自己——愿意倾听、认可并无条件地接受自己的感受。
- 建立一个自我关爱的基础，在这个基础上，你会从根本上毫不动摇地支持自己。

最终，让尼基从她的情绪疲惫中得以解脱的关键，正是她与自己的关系的转变。我想这也是大多数女性从情绪疲惫中得以解脱的关键。当你做出转变，你会发现，允许自己不满足反而能让你满足，你会从疲惫中释放出活力。随着时间的推移，你会慢慢学会认可并理解自己的真实感受——不再否定它，或把它纠正成你认为它应该成为的样子。你会明白，你无法选择自己的感受，也不该为自己的感受而受到责备。你的感受就是你能感受的唯一方式，所以，你必须接受。最终，你会收获甜蜜且营养丰富的果实：理解自己、尊重自己。

请记住，尼基与自己关系的这种变化并不能解决她的家庭问题，也不能使她的生活完美，但它确实改变了她与外界互动的方式和她的感受，更重要的是，改变了她在这种处境中看待自己的态度。在尼基的旧信仰体系中，任何困难或痛苦，任何需求，都说明她做的人生选择是错误的，她把这一切归咎于自己。但后来她开始明白，挑战、困难、失望和渴望只是人生的一部分，人人都是如此，它们与我们珍惜的一切美好是共存关系。尼基不必为它们的出现感到内疚，或者觉得自己、自己的选择很糟。

渐渐地，她发现她可以看到家庭生活美好的一面，她爱他们，而且一家人其乐融融，这都让她觉得快乐。同时，她也认可并理解自己的感受，家庭生活并不能实现她的全部价值——但她现在只能先将就一下。她现在不会因为自己觉得生活乏味而感到惭愧，也不会因为想要更多而厌恶自己，她可以友善地看待并理解自己所做的人生选择以及它们所带来的缺憾。

尼基做了一件比清除或解决生活中的困难更激进、更彻底的事情：她友善地接纳了自己的感受，一切感受，包括所有互相矛盾的感受。在这个过程中，她与最真实的自己成了朋友。

自我照顾的目标，或者说自我照顾行业兜售给我们的目标，是要去除让我们感觉不好的东西，增加感觉好的东西。是的，这没错，照顾自己当然也包括这一点。但我们往往不想，也不愿意承认这样的事实：实际上，我们无法摆脱那些感觉不好的东西，不是因为我们做不到，而是因为现实就是如此。

情绪疲惫的你

现实生活中本来就有很多感觉不好的东西：不完美的事、不完美的人（包括我们自己）、失去亲人等，所以，想通过自我照顾来排除万难，一定是行不通的。如果你能以平常心看待困难，友善地接纳自己在经历困难时的感受，你实际上会感觉更好——甚至好很多。这就是真正的自我照顾的关键——不是排除困难，而是给予自己更多的理解和接纳。

当你允许真实的你真实存在，你就会发现，你其实可以以任何形式与你的生活和解。这种转变会让你体验到另一种自我关怀，它与你以为你需要的自我关怀并不相同。这种转变唤醒了新的活力和幸福，值得注意的是，你就是它的源头。

写到这里，想必大家对"自我照顾"的定义有了清晰的认识。所谓的自我照顾，就是与自己建立起温暖友好的关系，培养一种接纳自我和理解自我的内心态度，允许自己感受一切感受。但有一种情绪还是需要引起我们特别关注，相较于其他情绪，女性会更抗拒也更不愿意承认它，因为它与社会对女性的教化截然相反。

无论如何都不能生气

我们的社会传递给女性的信息非常明确,虽然从没人直接告诉过你:你不能生气;女人生气不对,你这样不好……如果别人察觉到你的愤怒,他们很可能会这样贬低你:神经病、凶巴巴、歇斯底里、没脑子、没魅力、讨厌、怨妇、粗野、没女人味、充满敌意……当然,还有一直以来人们最爱用的那个词——泼妇。也就是说,当你是一个女人时,愤怒就是非常危险的情绪。

多数情况下,女性和男性的愤怒频率和强度并无差别,但在很多国家,社会对于男性和女性表达愤怒的教导方式大不相同。男性从小被教导要把他们的愤怒看作强硬的标志;而且男性的愤怒可以带来成效,能起到推进作用,还能体现他们的权力和自信。男人就应该愤怒。男人就算愤怒,形象也不会受损。

而对女孩的教导是,女孩不该愤怒,愤怒很丢人,说明你情绪失控了。我们不能让自己愤怒,那样我们就输了。愤怒的女人不太可信,所以如果女人跟别人解释她为什么生气,别人也不会相信。女人要是生气了,别人会认为是她有问题,而不是让她生气的人(事)有问题。生气就说明她情绪崩溃了,这样一来,她的愤怒不仅不合乎情理,也不值得在意。

  从很小的时候起,女性就被教导要压制住内心的愤怒,要想办法让它消失——也就是说我们得改变自己。愤怒表达的是不满,说明我们对现实有所不满。温柔贤淑是女性的职责,愤怒自然不符合要求。

  但现实情况是,愤怒是一种真实的感受,如果女性在接纳愤怒情绪的同时还要履行自己的责任,让所有人都高兴,这是一件很困难的事。愤怒确实不讨人喜欢,但同时也不会让人高兴。但取悦别人符合我们的最大利益,至少我们是这样认为的。所以答案很清楚:我们得想办法不生气,或者起码得想办法不把生气表现出来。

  于是,我们想出了各种办法来控制愤怒,这样它就不会成为威胁,不仅不会威胁到别人,也不会威胁到别人对我们的喜爱。就算我们没法假装自己没生气,没法假装一切都很好、我们很好……我们也总有巧妙的办法让自己保持得体的仪态。

  要大度。女性最擅长的就是慷慨大度,克服愤怒,成为更好的自己。从懂事起,我们就被教导要考虑别人的感受，要理解，要包容，对每个人都要好——不能光对自己好。但遗憾的是，"不能光对自己好"往往被女性理解为"根本不用对自己好"。事实上，如果女性愿意为了更多人的更多幸福而牺牲自己的需求，她就会受到高度赞扬；如果女性能忽略自己的需求，设身处地为他人着想，立刻就会得到更多人的喜欢。作为回报，人们会给她戴上"温良恭俭让"的徽章，但实际上，她的需求并没得到满足，她不会觉得有人倾听或看见了她，也不会觉得放松。大家会喜欢她、尊重她，因为她总是很宽容。慷慨大度真的令人钦佩。但根本的问题不在于我们会这么做，而在于我们觉得自己必须这么做。

自我贬低。女性掌握的另一项技能是把自己的愤怒说得不值一提，说自己欠考虑，贬低自己，让自己沦为笑柄。我们嘲笑自己和自己的愤怒，这样我们就不那么有威胁性，更容易被别人接受。在这个过程中，我们也会变得不相信且否认自己的真实感受。我们的需求没得到满足——这最终成了让别人乐不可支的笑料，也让别人对我们更有好感。我们再一次牺牲了自己的需要和渴求，换来了别人对我们的喜爱，我们认为后者更为重要。

用理性包装愤怒。女性要想做好自我管理，必须具备多种技能，其中就包括这么一种久经磨炼的技能——用逻辑和理性把愤怒的情绪包装好，使其合理化，从而让别人认为我们的愤怒合情合理。我们非常擅长清晰理智地表达自己的愤怒，我们会把愤怒梳理清楚，让别人接受并理解我们的愤怒，绝对不能表现得咄咄逼人。然而，情绪是我们自然的反应，是不可预测的。它也是一种力量，一种能为我们创造改变机会的力量。而我们压抑愤怒，就是在耗费愤怒所包含的建设性能量和可能性。

在别处寻求宣泄。当然，有时我们可能也不愿意把愤怒轻描淡写，或把它变得没有攻击性，抑或用理性把它包装起来。这种时候，我们会怎么做呢？往墙上扔鸡蛋，狠狠地捶沙袋，把头埋到枕头里拼命尖叫……我们认为，既然生气是无可避免的，那我们就应该积极一点，最好别惹别人不高兴、不痛快；既然不能让别人听到或看见我们的怒火，那只要把它发泄在枕头或沙袋上即可。但这些都只是暂时的宣泄，愤怒的根源是情感需求未得到满足，而通过身体释放情绪并不能满足我们的需求。

归根结底，是因为我们已经被教化成这样：认为愤怒具有破坏性、没有女性气质、不合乎情理，还有愤怒不该表现出来，表现出来就是骄纵；愤怒是个问题——是女性的问题，是女性应该去解决的问题。

然而，我们始终忽视了这样一个事实：人会愤怒是因为我们本能地想照护好自己。愤怒是为了保护我们，并提醒我们，我们没得到自己需要的东西，对眼前的状况感到不满。愤怒说明我们的需求需要被倾听和关注，说明我们不同意那些冠冕堂皇的说法：一切都很好，我们对一切都很满意。愤怒是人类生来就有的自我保护和自我照顾的方式，可悲的是，社会的教化已经让我们远离并放弃了愤怒。

女性要无休止地取悦他人、牺牲自我、不断给予、讨人喜欢、迁就、感激，还要时刻保持好心情，面临这么大的压力和期望，我们自然会愤怒。我们不可能在做到这些的同时，还忠于自己的内心；我们没办法既挤进社会希望我们挤进的盒子，同时又不感到愤怒。但棘手之处就在这里，社会认为愤怒不应该是我们感受的一部分；社会也不能接受女性愤怒的情绪。因此，女性与自己的真实感受是矛盾的。女性在情绪上疲惫不堪，因为她们不断地压抑、掩盖自己的愤怒，会与愤怒这种自然且必不可少的情绪开战。这一切都是因为社会告诉我们，愤怒会让女性失去魅力、不被接受。

那么，当我们愤怒时，自我照顾的机制会如何启动呢？答案是，它会始于你的觉察。它从倾听和承认你的愤怒开始，而不是指责你怎么变得如此不正常。它要求你停止害怕自己的愤怒，让你不要相信社会的教化。你一直被教导，愤怒是危险的，但事实上，愤怒是你的盟友。当你拒绝接受愤怒，拒绝让它在你的内心占有一席之地，这才是最危险的。

有意思的是，愤怒是一种动力，在大多数情况下，它并不会被你所受到的教化影响。愤怒是女性的后盾，即使社会教导女性放弃这个后盾，它还是会支持你。愤怒知道你很重要，它会捍卫你，哪怕你没有或者不愿意意识到这一点。在愤怒的情绪升起时，它会冲你喊道："嘿，别这样。这样不好。"

也请记住——愤怒之下总隐藏着痛苦；愤怒是在为你无声（或是被迫无声）的痛苦高声鸣不平。如果情绪是一种语言，愤怒就是你的心灵和灵魂在说"不"。在这个"不"背后，还有个声音在喊"哎哟……太痛了"。无论你对自己说什么，愤怒都会冲破束缚，坚持认为你值得捍卫。也就是说，愤怒有助于情感、精神和身体的健康，它是非常重要的机制。因此，你要尊重愤怒的情绪，并乐于探究它

（当然并不是让你时常发火）。要知道，这是自我照顾的关键一部分，却常常被人们忽视。

你需要一个完整的你

要想做到真正的自我照顾，你不能止步于仅接受那些别人告诉你的、你觉得自己可以拥有的感受。那些你能轻松接纳并理解、让你觉得安全的，同时不会给其他人带来麻烦的事情，你对它们的接纳算不上是真正的自我照顾。真正的自我照顾需要你接纳并尊重那些你认为丑陋、卑鄙、讨厌、危险、难堪、不讨人喜欢的部分。也就是说，要想真正地照顾好自己，你得愿意照顾你的全部——包括不完美、不好相处的那部分。你对自己的照顾应该包括你的一切愿望、需要、感受和体会，因为它们值得。

下次再有愤怒或是任何你不想要的情绪出现时，你应该关注它，靠近它，问它为什么生气或不高兴，它没得到什么，它需要什么心情才会好转——也就是你需要什么。再次强调，接纳你的真实感受并不是要你把它发泄出来，而是邀请它进来喝茶，就像邀请一位稀客。事实是，你的愤怒不会消失；也许你能压制它、逃避它、责骂它，让它保持沉默，用暂时的快乐来麻痹它，但它仍然在那里，等待你去关心它。

我希望你能清楚地明白，自我照顾不是一件事也不是一种活动，而是你与自己建立和培养的关系。在下一章中，我们将转换方向，讨论具体应该怎么做。比如，要想与自己建立这种新的关系，我们应该学习、了解（也可能是忘记、抛弃）些什么。

第八章

找回自我

帕蒂（Patty）回到家，看到丈夫正窝在沙发上看电视。他一个多小时前就到家了，但压根没做饭。当她问丈夫是否打开了一瓶葡萄酒（因为这是他们每晚的仪式）时，他也没有回答，只是含糊不清地咕哝了几句。有趣的是，帕蒂也没问丈夫是不是有什么事，没问他怎么还不做饭，也没告诉丈夫她已经饿得饥肠辘辘，更没提一句她看到家里这副样子有多生气。

相反，帕蒂倒是一个劲儿地反思自己是不是哪里说得不对、做得不好，惹丈夫不高兴了。也许是因为最近她不像以前那样关心他？也许是因为丈夫想跟她亲热，而她没搭理？他把手搭在她背上是这个意思吗？他不痛快是因为她讲他朋友讲得太难听了吗？事实是，帕蒂不知道丈夫为什么这样古怪，为什么对她爱理不理的，但她很确定：这是她的错。他这副样子都是因为她哪里做得不对、不好。没错，就是这样。

也许你也和帕蒂一样，只要看到别人不高兴，就认为自己是罪魁祸首。你认为，你应该为别人的情绪负责，要是你没做错什么，别人就不会这样；事实是你就是错了，哪怕你不知道自己哪里做错了，哪怕你是出于好意。你习惯于把别人的情绪都归罪到自己头上，怪自己做得不好。这么说也许太绝对了……也许你并不会把别人的情绪都说成是你的问题，但起码，如果别人的情绪对你造成了困扰，你就会这样。

让我们来看看玛乔丽（Marjorie）遇到的是怎样的情况。

玛乔丽和好友帕斯卡尔（Pascal）正享用着美味的午餐，帕斯卡尔对玛乔丽说，他看到了一则新闻火冒三丈，接着他滔滔不绝地讲了他的见解和想法。玛乔丽听完后又说了说自己的想法，她的立场也很鲜明，而且她非常了解这个问题——事实上，比帕斯卡尔更了解。

可玛乔丽讲话的时候帕斯卡尔明显变安静了；他低下头，好像在想自己的事。他自己发表观点时兴致勃勃，可等到玛乔丽讲的时候，他不仅说话，也不愿意倾听。实际上，玛乔丽就是在对着空气讲话。

看到朋友这样心不在焉，玛乔丽一下子觉得很内疚、羞愧。为什么我非得是别人关注的焦点？为什么非得抢他风头？为什么我总是咄咄逼人，抢尽风头？更关键的是，为什么非得让他感觉自己不像个男人？玛乔丽就是这样解读帕斯卡尔的反应的。本质上，这也是她发表自己观点的结果。她的内心认为，帕斯卡尔根本不希望她讲话，可她硬是插了进来，支配了帕斯卡尔，并迫使他服从。她确信，帕斯卡尔需要很长时间才能找回足够的勇气和信任，才会愿意再次跟她分享自己的想法。这可以理解，因为她确实表现得咄咄逼人、非常"不女人"。

在她看来，她重挫了帕斯卡尔的锐气，并扼杀了他们今后交谈或亲近的机会。她感到羞愧、孤独，甚至被抛弃，她认为这是她的错；让朋友变得不自信，这也是她的错。总而言之，发生的这一切，连同她的苦恼，都是她的错。

情绪疲惫的你

你不必为别人的情绪负责

　　帕蒂和玛乔丽的反应听起来也许有些怪异和极端，但可悲的是，这种情况在女性群体中很常见。如果你在她们身上也看到了自己的影子，哪怕是一点点，那么你需要知道的第一件事是：你不需要对其他人的情绪负责。别人心情不好并不意味着那是你的错，是你造成的，你没有责任让他们心情变好，这是你从本书中必须明白的一个道理。当你（或别人）对现实不满时，你并不需要去弄清楚你做错了什么。想要治愈你的情绪疲惫，你不能总想着你做错了什么……不能把所有不好的事都归罪到你自己头上。

　　女性之所以觉得心力交瘁，在很大程度上是因为我们花了大量的时间和精力，试图找出自己做错了什么并纠正自己（以为）的错误。可只有不把找错、纠错当作人生的第一要务，甚至根本不把这两件事放在心上，我们才能真正开始照顾自己。首先我们要放弃妄想：只要我们做得越来越好，那就能让人人都高兴，事事都顺心。

　　理解别人的感受与为别人的情绪买单是截然不同的两件事。这不是一揽子买卖，你可以理解别人的痛苦，但你不必消除别人的痛苦，不要觉得那是你造成的，你必须为之负责。就算你的真实情绪会引起别人的痛苦，那你也可以不采用社会灌输给你的观点……要知道，你的真实情绪以及它给别人带来的感受可以共存，不需要你去修复或消除。

我们根深蒂固地认为，如果有人受苦，那么帮助他们摆脱痛苦就是我们的责任。但要想治愈情绪疲惫，我们就必须放弃这种执念，放弃责任和控制，停止在头脑中播放我们自编自导自演的电影：我们要为别人的情绪负责。

我们以为，如果我们能让每个人都快乐，如果我们能更好地掌控自己和他人的生活，情绪疲惫问题就会消失；可恰恰相反——当我们学会放手，试着让他们自己去解决问题，情绪疲惫才能治愈。当我们不再拼命地让生活按照自己的心意发展时，我们就会感受到滋养，重返生机。

要想摆脱"救星"的角色，你还得接受自己的能力有局限性的事实，得明白并不是什么事都会按照你的心意来。就算看到了问题，你也不一定有办法。而且，就算你想帮忙，别人也有可能并不需要。甚至你可能并没有意识到，对一些事情你其实并不想花精力去解决。你得弄清楚，在什么情况下你愿意花精力——什么情况值得你消耗时间、心思和情绪能量。假如你认为你要为所有人的情绪负责，那你就会迫使自己帮助所有人，从而无法合理地分配时间和精力。这会让你在情绪等各方面都非常疲惫，因为你根本顾不上自己。

但如果你能推倒原先的想法，不再认为所有事情都是你的错、你的责任，你会发现你有更多的精力，这样一来，你不仅有能量关心别人，也会更关心自己。你可以随心所欲地关心你真正想关心的人，而不是被迫去关心所有人。因此，你会感到更有活力，与人相处时也更真实，与自己的联结也更深。你会有兴趣了解对你而言真正重要的人和事。

值得注意的是，摆脱"救星"角色后，你会变得更有同理心。你可以理解和感受别人的难处，但同时你并不会觉得帮助别人是你的义务。当你想要帮助他人的渴望出现时，它便是更真实的，而不是强制性的；是你想要那么做，并非觉得自己应该那么做。最重要的是，如果你能放手，不再执着于要让每个人都很好、很开心，那你就能看到真正发生了什么——在现实生活中成为一个自由、无负担的参与者。

自我提升与自我价值

无论是谁不高兴,那肯定都是我们的错——我们会有这样的想法,不仅仅是社会教化的结果,也有我们自己的因素,后者的影响不亚于前者。我怎么才能变得更好?这是我们影响自己言行举止的关键问题,也是我们生活的依据。从表面上看,这个问题听着非常正能量,也很重要,思考这个问题能鼓励我们不断地成长和进步。我们似乎应当不停地问自己这个问题,否则就会遭到批评。我们认为,一个人得不断地思考这个问题才不会变得自满、自傲(而这是很危险的事)。我们相信,如果不再问起这个问题(问别人也问自己),那就意味着我们已经臻于完美了,不需要任何改进或改变了。

要想治愈情绪疲惫的问题,我们就必须改变我们行为的根本依据。在我们的社会中,追求更好确实备受推崇,但事实上这么做会适得其反,让人丧失能量。追求更好实际上加深了这样一种信念:我们现在不够好。所以我们永远也无法接纳自己,永远停不下努力的脚步。我们总是在追逐不一样的自己、更好的自己,总想成为另一个人,这个人想必足够好,想必能看到自己的优点。我们觉得身心

情绪疲惫的你

俱疲，因为我们总想成为别人。

请记住，停止努力成为更好的自己，并不代表你认为自己非常完美。你永远也做不到这一点；事实上，没人可以。如果把自我提升看作人生第一要务，那它反而会阻碍你进步。追求自我提升听起来是很崇高的追求，你也会因此收获很多好感，但追求自我提升实际上就是在自我纠正。把自我提升、自我纠正作为你的驱动力，你就仍然是破碎和不完美的，实际上你是被剥夺了接纳当下的自己的权力，更讽刺的是，只有当下的自己才能真正地让你变得更好。现实情况是，不管你喜欢与否，生活会继续把你需要学习的东西和成长方式塞给你；即使你不说，生活也会主动为你做好这些事。因此，只有你接受了这个事实，放松下来，你的情绪疲惫问题才有可能缓解。把自己看作一项需要不断完善的项目，这不仅会让你无法专注于当下，还会让你觉得更不自信，从而加剧你的疲惫。

如果你能放弃把自我提升作为人生的首要目标，你就可以真正了解自己。没了不断进步的压力，你会对现在的你和你的状态产生兴趣，而不是只对将来的你、想象出的你感兴趣。这种转变，从关注你需要成为谁……到关注你实际上是谁，是你与自己建立亲密友好关系的关键——因此，这也是真正的自我照顾的关键。我向你保证，就算你放下自我提升的执念，你也不会停止成长、变得自负，或是得不到充分发展。事实上，放下成为别人的希望（和需要），是回归真实的你的第一步，也是最重要的一步。

学会赞美自己

多年来，我一直在聆听女性如何谈论自己，我发现，女性贬低自己时不仅非常不留情面，还非常频繁，而且女性不仅没法坦率地夸奖自己，还会觉得那么做会对自己不利。现在我们已经认识到，学会肯定自己是让自己恢复活力的重要一步。

你们大概也想得到，对于这个做法，我收到了一些不太赞同的回应。男性的反应多半是犹豫不决，偏向于反对："嗯……挺有意思，但你真的认为女性得多夸夸自己吗？""不过我说南希，你真觉得厉害的女性需要到处显摆她有多能干吗？""让女人像男人一样，这就是你的目的吧？"我的建议是女性应该更勇于赞美自己，而这个建议似乎引起了男性的不安与反对。

可当向女性提出同样的想法时，我得到的多数反应都截然不同。女性可以赞美自己，女性可以闪闪发光却不感到内疚或羞愧……光是这个想法就受到了大家的热烈欢迎。但许多女性也承认，她们认为这不可能——确切地说，这么做一定会有人觉得她们傲慢自大、自恋、渴望关注。有位女士是这么说的："无私地照顾别人的人怎么会往自己脸上贴金呢？"没错，既然我们把别人放在第一位，怎么能到处夸自己好呢？

如果我们赞美自己，别人可能以为我们需要关注，更不友好的想法是认为我们迫不及待地需要关注。当然，在我们过去的认知中，渴望或需要别人的正面关注不是好事。如果我们赞美自己，那我们就不是默默无闻地奉献。别人告诉我们，想要得到认可不仅是让人讨厌的品质，也是软弱的标志。它说明我们不够谦虚、不够自信，做不到不被认可也能很有安全感。而且，赞美自己说明我们要么自负，要么在夸大自己的优点，或者两者兼而有之。所以，我们可以理解，为什么女性会克制住不去夸奖自己，即便那是正常、健康的需求。很显然，要想夸奖自己，我们必须很小心、很谨慎，要处理好别人对此的感受。我们非常善于不需要赞赏，并让每个人都知道我们不需要（即使我们需要）。怎么能希望别人看到并珍惜我们的付出呢？那多可耻啊。又怎么会以为自己值得别人珍惜呢？那多自大啊。

但事实上，希望被看到和赞赏是一种健康和正常的需求，每个人都有这种需求。可我们接受了社会的教化，认为作为女性，我们希望得到别人的认可是一种缺点——这很丢人，我们不该有这种需求。

要想治愈情绪疲惫，你需要打破习惯性的自我贬低和自我隐身的模式；虽然这个模式本来是为了保护我们，为了让别人喜欢我们，但现在它让我们心力交瘁。能够自信、有自尊地去谈论自己，这很重要，无论其结果如何。我所说的自我褒奖与自负或好大喜功毫无关系。从自我照顾的角度来看，夸奖自己实际上说明，你愿意认可那些需要你认可的内心需求，愿意尊重自己、关心自己，无论是出于什么原因，也可能没有原因——就是因为想这么做。

越是深入研究情绪疲惫问题，我就越想知道，我们花了这么多时间和精力去改变自己，却从来没真正喜欢过自己，为什么会这样？我们是不是要一直不停地寻找，但永远不会到达目的地，永远达不到自己的要求？摆脱这种文化模式的唯一方法是认识它们，挑战它们，并用实际行动打破旧的模式。

夸奖自己并承认你喜欢自己会增强一种信念——你很

重要。这同时也表明，女性想要被看到、被欣赏是很正常的需求。你越是在内心和外部认可自己，你就越会相信，你确实值得被认可。说出并告诉别人你的价值，同时拒绝相信那些关于完美女性的神话，你要知道这样做是为了给自己赋权，为了滋养自己。希望你能从今天开始就这么做，无论你是否做好准备。

把自己当作目的地

我特别喜欢一个关于瞪羚的故事。有一只野生瞪羚，它在很小的时候闻到过一种醉人的香气，后来它一直都在寻找这种香气，因为它想重新感受那股芬芳。许多年后，它躺倒在地，猎人的箭撕裂了它的肚皮。它嗅到了一股香气，那正是它这辈子都在找寻的气味，毕生都在渴望的芬芳。然而，这气味来自它的身体，原来是它自己散发出的香气。

当今社会的所有生活方式都在把我们的注意力向外拉，让我们逐渐与自己分离。我们从身体外部获取信息、知识、信仰、娱乐、生存必需品、行为准则，等等。与此同时，社会兜售给我们的想法是，我们的幸福也来自外部：获得外部的认可、物质财富、成就和愉悦的感受等。久而久之，我们会相信，一切理想的、令人满意的、让人觉得充实的东西，一切我们想要和需要的东西，都来自外部。事实上，我们的注意力非常习惯于向外扩散，以至于我们忘记了自己还在这里，忘记了我们可以从自己这里找到一切。我们忘记了——也许更准确地说，我们从未学会——从自己身上寻找我们所需要的东西。

想要让自我照顾成为你生活的一部分，你得相信，你知道的东西比社会允许你知道的、你允许自己知道的东西多得多。此外，你得认识到，世界上只有一个人了解真正的你，知道你独特的感受，那个人就是你自己。尽管这是自我照顾行业最不想让你发现的事实，但能让你获得幸福的最可靠的人就是你自己，即使你没想到。

但请记住，导致你放弃自己、将权威全权交给他人和外部世界的条件反射并不是一夜之间发生的。同样，你也没办法在一夜之间就说服自己相信，最有价值的智慧来自你自己。在开辟出一条新道路之前，你得看清楚你现在所走的路——你是如何背弃了你的真实感受，把权威交给别人。想要创造真正的改变，你必须愿意挑战社会教化，反复练习新的行为。

这就好比你要想养成运动的习惯，就得先动起来。同理，要想关注自己的内心，你还是得通过行动。你必须从自己身上寻找答案，还有问题。要花时间去觉察自己的内心，对自己的感受抱有好奇心，并积极关心自己——那个被教导要关心所有人，却不关心自己的你。

通过不断练习后，向自己的内心寻求指引会成为你的第二天性。但同样，它并不是一蹴而就的。学习信任自己是个循序渐进的过程。久而久之，你也许会开始注意到，你觉得自己更专注于当下，更能觉察到自己，你会扎根于非常牢固的基础——你与自己的联结。不经意间，你会发现你变得忠于自己的内心，说的都是真实的感受，而不是那些能让别人喜欢上你的话。你会感觉到，真实的你与你在这个世界上所扮演的角色之间的差距越来越小。对于这个过程，每个女性的描述并不相同，但她们的描述都有一个共同点，那就是在自己的生活中心占据一席之地的感觉——回归本心。

不断探寻你自己的感受，不断花时间陪伴自己，不断地关注你自己的存在。随着时间的推移，向外的模式就会发生变化，你的注意力也会自然而然地回到你的内心，那也是你注意力的源头。事实上，只要有目的地加以练习，你将成为你一直在寻找的那个目的地，那个宏伟的地方。

到目前为止，我们一直在研究让自我照顾成为你所需的内部转变，但现在让我们把注意力转向行动。由内向外的自我照顾是如何体现在你的言行举止、你与外界的互动中的？在下一章，我们会学习如何把自我照顾作为生活的根本，让它成为我们生活的一部分，而不是偶尔为之的事，也不是因为我们觉得自己应该那么做才做。这样的自我照顾绝不只是为了让你在一个令人情绪疲惫的系统中保持安全和可爱，它会给你更多。

第九章

说出你的真实感受

再过三天就是菲奥娜（Fiona）的40岁生日，她的另一半拉里（Larry）先是问她想要什么礼物，接着又解释说，因为工作上的事太多，他还没来得及准备礼物。他还说，订餐电话他已经打了，但每家餐厅都订满了，他们不如点些好吃的在家里庆祝。

拉里一边问菲奥娜想要什么，一边却让菲奥娜知道，她的愿望无法实现。实际上，菲奥娜喜欢去餐厅吃饭，但她已经学会了接受现实——无论怎样的现实。社会教化给女性的基本教导就是不要给别人带来不便，不要为了自己的需求给别人添麻烦。

作为女性，别人会不断告诉我们，要做个好姑娘，别给人添麻烦……按照社会教导的行为方式行事，会有很多好处，尤其是当我们行为"不得体"时，可以避免招来批评。如果菲奥娜是个"好姑娘"，那么就算她知道拉里没给她准备任何惊喜，她也应该反过来安慰拉里。就算他什么也没安排，她也应该接受并理解。既然菲奥娜是"好姑娘"，那她绝不能让拉里难过，无论她自己难不难过。

以前的菲奥娜就是这样的"好姑娘"。她毫不犹豫地给我展示了曾经那个好脾气、永远没有抱怨的自己。"哦，太好了。""谢谢你想着我。嗯，特别的生日晚餐真的很棒……我知道你很忙，其实礼物什么时候买都行，看到合适的再买也不迟。不着急……"要是心情好，她可能还会再加一句："有心了，谢谢你，不过说真的，我什么也不缺。"然后这事就算过去了。

但这次菲奥娜鼓足勇气，决心不做"好姑娘"，决心把自己的真实想法说出来，连她自己都没想到，她可以这么直接。她既没有贬低自己的愿望，也不认为自己矫情、难伺候、专横霸道、不知感恩（所有那些对女性的偏见之词），也没有大费周章地向拉里解释为什么她有权利得到她想要的东西，她就是直接干脆地告诉拉里，她希望他能送她一份礼物，能费点心思给她策划个生日晚宴。她还说，"我就是想要这些"，这也是实话实说。菲奥娜的这番话很有冲击力，原因在于它简洁明了——清楚地说出了她的想法。菲奥娜说的只是她的真实感受——不加修饰、不加掩饰。而且无论结果如何，她都能接受。

遗憾的是，与人相处时，许多女性很难做到如此诚实和直接，也不敢那么做，尤其是当我们觉得自己的需求会给人带来不便和麻烦，或者是我们觉得自己不值得时。我们相信，当我们的真实感受与别人的真实感受不一致时，说出自己的感受会有伤害性和攻击性——会让别人觉得我们不在意他们的感受。而且，这样做会让我们失去重要的人，甚至危及亲密关系。

但这种核心信念也是错误的。事实上，我们可以说真话；我们可以带着觉察和关怀说"不"——同时又与别人保持联结。我们只是不知道原来我们可以这么做，或者说还没学会怎么做。说出自己的真实感受，事实上，这是形成真正的联结的第一步，如果用心，它还能加深人与人之间爱的联结。

与以往不一样，这次菲奥娜说出的是她的真实感受，而不是拉里想听的甜言蜜语，也不是能让他自我感觉良好的华丽辞藻。通过这一句简单而大胆的话，她向前迈出了一大步，完成了一件大事，这对她来说意义深远。她自己也知道这一点。所以，不管生日那天到底会发生什么，菲奥娜都为自己感到骄傲，她感到充满活力，最重要的是，她觉得很真实。她说："真实的我——这是我给自己最棒的生日礼物。"

不做"乖乖女"

只要你能像菲奥娜那样，真实地、问心无愧地说出自己的愿望和需要，我们就会逃出那个讨好的樊笼，即便这些愿望和需要没那么重要，甚至微不足道（其实真实的感受都很重要）。如果我们能勇敢地表达自己的不满，允许自己拒不接受别人给的东西，我们就能改变自己。一个女性只要敢于说"不"——"不，我不能接受""不，我不喜欢那样"，或者敢于说出自己的需要，那就是积极的转变。

菲奥娜给我们做的正确示范是：说出自己的真实感受，而且无论别人做出怎样的反应，都能接受。如果我们能掌握对自己的感受、对自己与别人的沟通方式的控制权，同时交出对结果和他人反应的控制权，那我们就会觉得自己不必对别人的感受负责任，从而减轻自己的负担。我们就可以摆脱"情绪管制员"的角色，把管理他人情绪的任务交还给他们本人，事实上，这本来就是别人的任务。

此外，菲奥娜的直言不讳和问心无愧还向我们展示了一种沟通的方式，即我们的感受很重要，我们的情绪合情合理，我们的需求有资格在谈判桌上占有一席之地。此外，我们的需求并不是什么过分的特殊要求，也不是要费很多心思和力气才能满足的特殊优待。

后来，拉里清楚地告诉菲奥娜，她的感受给他带来不便。尽管拉里觉得麻烦，菲奥娜却能与自己的真实感受保持联系，并信任自己，而不是把他的情绪归罪于自己，看作自己的责任。对许多女性而言，能做到自我校准堪称巨大的进步。

别人也许很难听进去并接受我们的真实感受，但我们依然可以立足于自己的感受，而不必把自己看成难缠的女性，也不要以为是自己让别人不痛快。我们可以保持一种纯粹的自我感受，而不被他人的看法、他人对我们感受的接受程度所影响。即使别人对我们的感受存在不满或抵触，我们也要认识到它的合理性，并尊重它，这样我们才能质疑并反对那些试图定义我们的文化规范和刻板印象（后文我们会深入讨论这个问题）。这是一次美妙的体验，就像菲奥娜说的那样："我可真没想到，把想要礼物的愿望说出来原来那么痛快，这才是最好的生日礼物啊！"

站在自己这一边

自我照顾就是选择站在你自己这一边，觉察并忠于自己的真实感受，并反复坚持。即使这么做很困难，会让你觉得困窘、害怕，会让你不受欢迎；即使你觉得相比于展现真实的自己，委屈自己、迁就别人、淡化自己的感受会容易得多、好过得多，但也请努力去做。

你也许已经知道如何才能避免冲突，让一切得以顺利进行，而且对此相当擅长。尽管不惜一切代价地这么做会让事情顺利一些，但也会给你带来另一种结果：失去了与自我的联系，过得不真实、不快乐。要知道，真正的自我照顾不是让事情变得容易或顺利；而是不背弃自己，不做社会期待我们做的事，即便这样做很艰难。要站在自己的立场，与自己站在一起，这比什么都重要。

"真是太畅快了，"阿斯特里德（Astrid）对我说，她兴奋得喘不过气。"说实话，我都不敢相信那话是从我嘴里冒出来的,简直不像我自己!"聪明漂亮的阿斯特里德今年 51 岁,接着她给我解释,她是如何拒绝了同事给她的机会。同事跟她说这事时一副得意扬扬的姿态,但在阿斯特里德看来,她要是接受了这个提议,只对这位同事的事业有帮助。阿斯特里德说,真正畅快的不是拒绝了他,而是拒绝的方式。

"对于这个难得的机会(实际并非如此),我并没有表现得感恩戴德,我只是谢谢他想到了我,然后不卑不亢、有礼有节地告诉他,我没兴趣,那也不是我的职业发展方向。我不想参与这个项目,但我没说抱歉,也没解释我为什么不想参与这个项目。我就是直截了当地把我的想法说清楚,该怎么说就怎么说,并没有因为害怕得罪他、惹他不高兴而说一些客套话或好听的话。说起来挺惨的,自从我成年后,除了跟好朋友一起之外,这是我第一次不委屈自己,不考虑别人的情绪,想说什么就说什么。"

与之前相比,阿斯特里德的这次表态完全不同,甚至让人兴奋。像菲奥娜一样,她并没有百依百顺,没有用善意的谎言来粉饰真相,好让它看着"光鲜亮丽",以免伤及对方的感情,虽然女性通常都会这么做。她说得少而精,简单而直接,让真实的情绪为自己发声。曾经的她会因为不想让对方失望，想让对方觉得他们自己很重要、很被感激而隐藏自己的感受和需求，以让他们觉得那么做对她有帮助。现在的阿斯特里德不再费尽心思地表现出一副很感恩、很卑微的样子，她给我们做了示范，即怎么做才能得到自己真正需要的，而不必劳心费力地压抑自己的情绪、掩饰自己的感受。

要敢于开口

黑兹尔（Hazel）每周白天正常上班，每周四的晚上，她还要去城市另一边的一家俱乐部担任驻唱歌手。每周四下班后，她得从办公室赶到俱乐部，在地铁上换好衣服、化好妆。地铁总是不准时，所以她经常还没来得及热身就直接上台表演，有时还会迟到。不过黑兹尔能承受住打两份工带来的身心压力；她觉得自己很幸运，能做自己喜欢的事，她也经常这么提醒自己。

她在同一家公司工作了近十年，但黑兹尔从没有想过要问问老板，星期四晚上她能不能提前走，欠的这十分钟改天补上行不行……她从没提出过这样的要求。她是这么跟我说的："我不能让老板迁就我。"为了做自己想做的事而要求特殊待遇，这就等于是在说，她认为自己很特殊，比一般人强，这种事她绝对不会做，哪怕有这个念头，她都觉得丢人。而且，要求别人都迁就她，满足她的需求，这会让她觉得自己是同事的负担，这种事她同样不会做。

除了这些，黑兹尔还觉得，这个小小的要求等于是在宣布她需要额外的照顾，等于承认自己是个弱者。就算她可以改天补上这十分钟，也一样说明她并不是一个能完全自立的女性，而在这之前，她一直以此为傲。向其他人寻求帮助，这让她觉得自己不仅没能力，还很无助。所以，有很长一段时间，黑兹尔默默地承受着压力，不愿给别人添麻烦。

但后来发生了一件事。有一天，黑兹尔得知，一位很重要的音乐制作人要来俱乐部听她演唱。这一直是她梦寐以求的事。她当然不想因为不靠谱的地铁而错过被发掘的机会。这个机会对她而言意义重大，她不愿意白白丢掉。心中强烈又真切的渴望给了她勇气，她决定说出自己的需求，即便冒着被人说成是麻烦或负担的风险，诸如软弱、没能力、摆架子，等等。

终于，她向老板说出了实话，这些话她已经练了几十遍，有时是在心里练，有时是背给朋友听。她说那天有个重要活动，她不能迟到，所以得早走十分钟。老板点了点头，什么也没问，只是看着她好奇地扬了扬眉毛。事情就这么解决了。

对于一个成功、聪明的女性来说，提出如此微不足道的要求居然要冒那么多风险，这听着也许令人惊讶，而且也很奇怪，我居然要用那么长的篇幅来阐述一位女性是怎么说出自己的真实感受和需求的。但事实上，对于许多聪明能干且事业有成的女性来说，这往往是一个巨大的挑战。我们与自己的需求苦苦抗争，虽然忍住不说会很艰难，但不到迫不得已，我们不会冒险说出自己的需求。我们不知道还有其他什么办法……直到有勇气张口。

就像菲奥娜和阿斯特里德一样，对黑兹尔来说，只是实事求是地说出自己的需求，不必解释、道歉或是试图控制老板对这件事的反应，这就是改变生活的大事件。这不仅改变了她的事业道路（她后来成了全职歌手），也改变了她自己。用黑兹尔的话说，"它解放了我"。同时，这让她感受到，真正地照顾自己并得到自己需要的东西是什么样的感觉。

允许负面情绪的存在

从年轻时我们就被灌输了这样的信念：让别人高兴是我们的责任。我们也深深地沉浸于这个信念的另一层含义：任何人都不应该处于不高兴、不愉快的状态。我们认为，这种状态是不能容忍的，且对其他人来说这也是很难受且不能容忍的。但有趣的是，我们认为，我们自己反倒是可以容忍不高兴或不愉快。因为，不高兴时，我们会处理好自己的情绪；会想办法解决；会继续我们的生活。但其他人不应该忍受不舒服的感觉；即使他们自己能容忍，我们也不能。我们认为，看到别人不高兴却不马上采取行动，以让他（她）高兴起来，这是自私冷漠的行为……说明我们没尽到自己的责任。允许这样的事发生就是女性没尽到女性的责任。

然而，真正的自我照顾需要你从社会灌输给你的观念中挣脱出来，因为它让我们对"不愉快"形成了错误的看法。我们应该允许别人感到不愉快，不要总想帮助别人避免失望、不自信、落差等任何我们认为无法接受或无法忍受的情绪。

就像你有能力忍受这些痛苦的情绪一样，其他人也有这个能力。这是个好消息。你放心，并不是只有你能忍受不高兴、不满意、不愉快等情绪不佳的状态并坚持下来——其他人也能。矛盾的是，当你让别人决定他们需要做什么来照顾自己时，你就会照顾好自己。正如你在应对负面情绪的过程中可以学习、成长、改变一样，其他人也能做到——如果你愿意让他们这么做。

也许你会嫌我啰唆，但我还是要重申：你没有成为别人想要的样子，并不意味着你哪里没做好或是辜负了他们的期望。别人感觉很糟糕并不能说明你很失败，也不能说明你不好。你要知道：当你鼓起勇气说出真相，说出你的感受，提出你的需求，并且心理足够强大，允许其他人按照他们需要的方式做出回应，而不去控制它，那么你不仅没有失败，而且作为一名女性，你已经以一种革命性的方式取得了胜利。如果你能把这些步骤付诸行动，那么每一天都是你的生日，因为每天的你都是崭新的。

但说出你的真实感受，就像所有新鲜的事物一样，也会引发恐惧和焦虑；因为你不熟悉、不习惯。然而，你越是立足于真实感受——即使感到恐惧和焦虑——它就越容易，也越自然。值得注意的是，当你不再把你所有的情绪能量用来软化和"美化"你的真实感受，用来让自己觉得安全，让别人喜欢自己，让一切都很顺利，你就可以自由地活出真实的自己。

久而久之，这种真实的生活方式就会变得不那么费力和刻意，也不那么可怕了（我向你保证）。从你自己的感受出发，以你自己的身份生活，很快就成为你的"第二天性"，你就不需要刻意地强迫自己这么做。事实上，你都无法相信以前你需要如此刻意。最终，通过不断练习，你的真实感受会与你的真实身份、你与别人的相处方式变得密不可分。你会逐渐发现自己精力充沛，而不是疲惫不堪。

做自己是一件值得冒险的事

作为女性，我们一直被教导要相信一些极其错误的东西：要想顾全自己，我们就得成为别人希望我们成为的样子，这需要我们管理好自己的真实想法和需求，把自己不讨人喜欢的那一部分收起来。然而，这种"自我管理"带来的后果常常被我们忽视，我们会认为它无关紧要，认为它是我们为了自己的安全和快乐必须做出的牺牲。

但是，为了迎合别人而改变自己带来的后果很严重，而且绝不是我们必须做出的牺牲。具体来说，你背叛了自己；为了成为别人希望的那样，你放弃了自己……但这都不会给你带来真正的幸福。为了被别人接受而放弃做自己，为了讨别人喜欢而背叛自己，这些做法不可能让任何人得到他们真正需要的东西。

真正的自我照顾与社会灌输给你的那些概念截然不同。真正的自我照顾不是要弄清楚怎样才能成为别人期待的样子。我再说一遍：真正的自我照顾不是弄清楚怎样才能成为别人期待的样子。真正的自我照顾是弄清楚你是谁，勇于相信自己的感受和认识。

要想真正照顾好自己，你需要做的是说出你的真实感受而不是取悦别人，虽然这有时会惹人不高兴。那也没关系。如果你能用自己的真实感受作为检验标准和主要支柱，那么你就能一直信任和支持自己，而这比别人对你的喜爱更有价值。

每一天，你都有机会说出你的真实感受，无论是多么微不足道的时刻，还是意义深远的场合。重要的是，你要注意并抓住这些机会。你不妨从小事入手，比如要求对方在咖啡里多加些奶，直接拒绝你不想参加的约会……然后再逐步过渡到一些重要的事，比如把你的需求告诉伴侣、朋友等。

第九章 说出你的真实感受

说出你的真实感受很重要,每说一句,你都又向前迈进了一步,因为你在找回真实的自己,重新建立与自己的联系。每次说出你的真实感受,走出你的舒适区,敢于说实话,敢于袒露自己,无论是关于怎样的问题还是在怎样的情境,你都在积极地填充你的情绪容器——滋养自己。如果你能把忠于自己的感受看作最要紧的事,并且发自内心地支持自己、与自己保持联结,那你就是在关怀自己、治愈自己的疲惫。

第十章

写下你自己的故事

我第一次见到格温（Gwen）时，她告诉我她是位喜剧演员。她当时还不出名，但她雄心勃勃，觉得自己未来可期。她卖命地工作，再累也不愿意放过每一次试镜的机会。她觉得每一个机会都有可能让她声名鹊起。格温要么是在试镜、社交、锻炼（为了上镜），要么是在写剧本、录视频、找工作，或者是在端盘子、调酒，因为她得付房租——她在一片治安不太好的街区租了个小房间做工作室。

格温对自己要求很高。她觉得，要想获得成功，她必须抓住每一个机会，做好该做的每一件事，不管付出多大的代价。更糟糕的是，一旦懈怠，她就会自责。她被无穷无尽的"应该"牵着鼻子走,被如此严苛的高要求所支配,这样的生活方式同时也让她非常痛苦、疲惫。

十年来她一直在不懈努力,可事业毫无起色,她越来越疲惫,对自己也越来越不满。十年来,她从未说过一个"不"字,这也让她感到厌倦、心灰意冷,并且有些愤愤不平。她总对自己说,会时来运转的,可希望越来越渺茫,理想也越来越不真实。最糟糕的是,她愈发厌倦她眼下的生活,因为她憧憬的是成名后的生活。

付出了如此多的努力,流了如此多的眼泪,格温最终接受了现实:她不想再挣扎了。她想要过自己渴望的生活,而且就是现在。她总算能重视自己现在的感受和痛苦了。最后,格温放弃了喜剧演员的职业,去读了研究生。

可想而知,她的变化非常迅速,她有生以来第一次感受到了平静。她说,她"不再拼命地去实现什么,也不想成为更厉害的人"。她甚至发现,她喜欢在家里闲逛,以前她绝不会允许自己这样。令人意想不到的是,她很满意自己无所事事的状态,毕竟这可真是来之不易;同时她也很满意自己能有勇气打破一刻也不停歇的生活方式,毕竟之前的生活太枯燥乏味了。

然后她遇到了新男友布伦登(Brendon)。布伦登高大帅气，皮肤黝黑，是一名喷气式飞机驾驶员，也是一位成功的企业家，可以说生活顺风顺水。他才气过人、踌躇满志（就像以前的格温），绝不会错过任何参加活动、建立人脉的机会，总比别人加倍努力，就是为了拿到下一单生意。格温是这么形容他的，"布伦登总是在追逐更好、更辉煌的东西，而且通常都能如愿以偿。他就是以前的我的翻版，只不过他成功了"。

于是，没过多久，格温就开始谈论重回喜剧界的事情；她开始把自己的生活说成无聊，把自己说成失败者。然而就在几周前，格温还说她的课程很有意思，可现在变得毫无意义。曾经让她觉得非常满意的生活，觉得与自己紧密相连的生活，现在变得平庸而不够好。事实上，她觉得自己很平庸，不够好。

格温已经失去了与生活的联系，现在的她正通过她男朋友的视角（也可能是她想象的男朋友的视角）来看待和体验自己的生活。布伦登对她的看法决定了她对自己的看法。之前格温已经过上了她自己的生活，她也看重那样的生活，可现在她对自己的尊重又荡然无存；剩下的只是男朋友对她的评判（要不是她太无趣、太普通，他甚至都懒得评判）。

事实上，我们就是这么对自己的，甚至都没察觉到这一点。我们忽视、否定、丢弃自己的真实感受和生活对我们的意义，取而代之的是其他人的评判，以及他们对我们生活的看法。

如果你想打破这种自暴自弃的习惯，你必须首先觉察到它，你要意识到你是在抛弃自己的认识，用其他人的方式来定义你的生活和价值。此外，还要意识到你习惯于让别人根据他们的价值观来撰写你的人生意义。一旦你能觉察到自己在这样做，看到它给你带来的痛苦，那你就有能力让它停下来。

活在别人的故事中

六年来，娜奥米（Naomi）的婚姻生活一直很尴尬。夫妻俩平时不牵手、不拥抱，或者用她的话说，一点不"甜腻"。每次做爱只有几个敷衍的吻，接下来就直奔主题，最后各自睡去。娜奥米谈过很多次恋爱，她最喜欢的事就是跟对方躺在床上聊天、傻笑、撒娇。她渴望情感的联结和身体的亲密接触。可她最后嫁的却是这样一个男人，他很能赚钱，但对身体上的亲昵不仅没兴趣，似乎还有些恐惧和排斥，其中的原因比较复杂，包括宗教的影响。虽然他们在其他方面都很融洽，但娜奥米结婚后总觉得孤独、不满足，只是凑合着过。

现在，娜奥米终于忍受不了这种生活了，她选择和丈夫说出真实的想法。与其说是选择，不如说是必须——因为娜奥米没法再假装没事了，多一天，多一小时，甚至多一分钟都不行。这些年来，她总是想方设法地压抑她的需求，想跑快点把它们甩在身后（事实上，她是位马拉松运动员），可这些方法统统不管用——于是她说出了真心话。她告诉丈夫，她很孤独，渴望爱和亲近，渴望触摸、身体接触和亲密关系，希望能从婚姻中得到满足。

然而，丈夫的回答没有如她所愿：既然对他那么不满，那干脆另找个男人好了。确实，期待通过真诚交流来改变现状显然是没有意义的，因为作为她的丈夫，他让她失望至极。她应该知道他什么样，他从来都不是一个细腻感性的人，为什么她以为或期待他能变成那样呢——就是为了她？很显然，不可能。这次沟通的结果是，丈夫表示，要是家里更整洁，也许他会更乐意吻她，因为那是他需要和渴望的。

那么，现在的娜奥米有两个选择：要么是接受丈夫和现状，接受自己的感受不能表达出来的事实，在得不到她渴望的亲密关系的情况下继续生活；要么是在没有收入的情况下带着三个年幼的孩子离开丈夫，而出于种种考虑，这个选项她现在不能选。

所以她选了一条让她心碎的路，背弃自己——把自己关在心门之外。娜奥米开始觉得自己就是个"忘恩负义的坏女人"，对丈夫有那么多不合理的要求，而且丈夫待她那么好、那么宽容，她却不知感恩。她是个"坏女人"，丈夫给不了她的东西她还要，这会让他觉得自己无能、痛苦。她不关心他，但她没权利这样做。娜奥米得出的结论是，她对丈夫的要求太多，而且不合理、不公平。

所以，娜奥米做了很多女性都会做的事：直接进入丈夫的叙事中，承认丈夫是受害者，而她是加害者。这样一来，我们就得为在他人看来不合理的感受与不配满足的需求承担责任、背负指责。作为加害者，我们得背负指责，不仅是因为我们的真实感受很不合理，也是因为我们把自己的感受强加给别人，也就是用它伤害了别人，解决办法就是我们得感到内疚并弥补错误，摒弃会伤害到别人的感受，别再提要求，别再有那些感受，继续像以前一样讨好别人。

如果你也很熟悉这种思维模式，那么，你的情绪疲惫可能就源于你用其他人对你的定义来定义自己。无论在他们的叙事中你是什么样的，你都认为那就是真正的你；无论在他们的叙事中你有怎样的感受，你都认为那就是你的感受。这样一来，你就必须花很多精力控制、纠正和改善他们的叙事中的你的感受，这样你才会喜欢自己。可如果让别人来定义你的身份和自我感受，用别人的故事情节来描述你的现实，你就会失去方向，没有中心，彻底与自己和自己的真实感受失去联系。你只会觉得疲惫不堪。

掌握人生的主动权

讽刺的是，我们非常擅长弄清楚和管理其他人的感受，却没学会如何辨别我们自己的感受。我们会有自己的感受，独立于其他人定义之外的真实感受——光是有这个想法已经很激进了。

如果你和大部分女性一样总是替人着想，那你可能从来没有与自己建立过一种完全自主的关系。那么，现在的你应该这么做：把自己看作一个你想认识并深刻了解的人，全心全意地关注你的内心感受，就像真正关心别人那样，坚定、带着善意且不作评判。通过你自己的眼睛和心灵，去发现你的真实体验，不要受别人的感受、预测和评判的阻碍和影响。请时刻提醒你自己，你是唯一一个能够定义你自己是谁的人，你的行为方式、对你来说重要的事情、对你而言真实的感受，等等，这些都只有你一个人能决定。从现在开始，讲出你自己的故事，并欣然接受它。

你越是认可和尊重你的真实感受，你就越不需要别人的同意或认可。事实上，你越发迫切需要的是你对自己的认可。渐渐地，你就会发现，接受或试图控制别人的叙事中你的感受，既不令你信服，也没必要；把你自己的感受交由他人，让他人来证明你感受的合理性，这种做法是多么的荒谬（也很不幸）。明白了这一点，取悦他人的需求就会转化为取悦自己的需求。

此外，关心自己并不意味着不关心别人，虽然社会一直在给我们灌输这样的观念。事实上，这种观念，即关心自己和关心他人是相互排斥的、两者不能兼而有之，正是我们否定、拒绝自己需求的一个原因。但通过练习，你会发现，在认可和尊重自己感受的同时，你也可以同理另一个人的感受，而且你不会认为自己的需求是不合理的、错误的。两种感受都是真实的，尽管它们可能会截然不同，甚至相互矛盾。事实证明，你的心足够强大，就可以容纳不同的感受。

如果你想创造一种不同的生活，从情绪疲惫中恢复过来，那么你必须去尝试一条陌生的、不愉快的道路。就算害怕，就算不知道去向何处，你也要勇于尝试。因为如果你真的选了这条路，坚持走下去，你就会主动抵御那些塑造了你的社会教化。我敢保证：如果你继续以这种方式与其他人相处，与自己相处，渐渐地不愉快、不信任和恐惧就会消融，你会更加透彻地了解自己、他人与世界，一个充满力量和活力的你将会绽放。

当我们知道如何与自己保持联结，那么，在与他人相处时，我们也就能忠于自己的内心；当我们能坚持自己的感受，无论别人是否接受、如何评判，或想要改写它，我们都能放弃那些导致情绪疲惫的信念和行为。一旦清除那些让我们与自己脱节，并耗尽我们自身智慧的痼习，我们就能找到力量、滋养与幸福的源头。事实上，我们女性已经拥有了最大的力量来源。没错，就是我们自己！

第十一章

给自己补给：忠于本心

在本书开头我提了一个问题：为什么有这么多女性情绪如此疲惫？由此我们会想到另一个问题：我们如何才能重振精神，获得我们真正需要的东西？

社会对我们的教化根深蒂固，它训练了我们的行为模式，哪些可以做，哪些不可以做——这些限制在你接触的各个方面都能起到作用，社会、家庭、教育、媒体，等等。它还教会了你如何管理、监督和拒绝你自己的需求。你会在别人那里寻找满足感，寻找最深层的问题的答案，最重要的是，寻找对自己的看法。所有这些都是为了让我们自己有安全感和归属感。

情绪疲惫的你

也许你表达过自己的真实需求、说出过自己的真实感受，而之后也因此招致了威胁或不好的后果，如遭到别人的评判、批评甚至排挤。像大多数女性一样，你或许相信，你的幸福首先取决于你是否讨人喜欢。因此，你一直以为，要想照顾自己，弄清楚怎样才能让别人喜欢自己、怎样取悦别人，才是最重要的，也是你唯一需要做的。但事实并非如此。实际上，让你陷入困境，让你感到情绪疲惫的罪魁祸首正是这个信念。

众所周知，商家会把自我照顾作为缓解情绪疲惫的解决方案兜售给我们，但它的作用十分有限，并不是对症下药。他们所鼓吹的自我照顾是让我们从外部获得内心的养分，让我们觉得自己不够好，然后追求一些看似能满足自身需求的东西，以成为更好的自己。但这样的自我照顾不够深远，无法渗透到我们的情感和精神深层，也无法解决导致情绪疲惫的根本问题。无论市面上的自我照顾产品和服务多诱人、多令人舒适，它都不能改变这样一个事实：我们为了成为想要成为的人而抛弃了原来的自己。

事实是，再梦幻的辉光灯、再舒适的羊绒拖鞋、再芬芳的精油也没法说服我们真正去关心自己，认识到自己的重要性。它们无法将我们与我们的真实感受联系起来，也无法让我们信任并看重自己的智慧，它们的作用是不可持续的。我们的痛苦是由内部问题造成的，可我们把药膏敷在表面，心里还疑惑为什么药膏不管用，为什么我们这样殷勤地照顾自己却仍然觉得情绪疲惫，需求仍然得不到满足。

目前，市场上宣传的自我照顾模式虽然看起来是为了滋养我们，但本质上只会让我们不断地追求更多、更好的商品和服务，我们就像转轮上的仓鼠一样，一直在奔跑和找寻，一直在自责。它的模式是这样的：我们一直在改进，却永远都觉得自己不够好，永远不会停下脚步去想想看，其实我们自己就是我们找寻的目的地，也是成就感的来源，就像故事里的那只瞪羚。让自己快乐固然很重要，尤其要做到在快乐的同时不觉得内疚，但是我们不能把自己最深层次的需求托付给自我照顾行业或任何其他人。

大多数的心理自助策略都是告诉我们要自信笃定，要勇于为自己发声，要勇于拒绝，不要总是应承，要直截了当地告诉别人我们需要什么，才能活出最好的状态。但要想切实有效地做到这些，我们首先得认可、尊重并格外看重自己的真实感受。只有我们与真正的自己建立起联结，我们的情绪疲惫问题才可能缓解；只有我们信任自己，我们才能获得充分的活力和能量。要想说服其他人相信我们的感受很重要,我们得自己把它看得很重要。我们必须站在自己这边,知道我们的需求应该得到满足——我们值得,没错——然后我们才能自信、笃定、真实地活着。

想要恢复活力,我们必须改变固有的基本模式。首先,我们得意识到这一点,然后再采取行动——找到勇气,说出自己的感受,表达自己的想法,按照自己的准则行事——即使这意味着我们不会成为别人希望我们成为的人。在这个过程中,我们需要信念、耐心、巨大的勇气和自爱。要知道,这一切都是为了解放那个不能随心所欲、淋漓尽致地生活的自我。

你要面临的严峻事实是:如果你想不被你扮演的角色所蒙蔽,发现你的真实身份;如果你想活出真实的自我;如果你想感受真正的力量和活力,你就必须接受失去别人的认可和喜爱的生活。但这么做很值得。事实是,你不可能站在自己这边,同时又让所有人都一直支持你。现实并非如此。你必须选择支持自己和自己的真实感受,你要相信来自你自己的支持、尊重和认可才是最终支撑你的力量。

我希望你能从情绪上、身体上和精神上去理解这本书,而不仅仅是理智上。我希望你现在能从心底认识到,照顾自己这项工作关乎内心，是由内而外的。而且，照顾自己并不是一定要得到什么。它是一种态度的转变，发生在你与自己的亲密关系中。如果你能在你的内心营造出一种同情、支持和深深尊重自己感受的氛围，你就能从根本上给自己滋养，给自己的心灵持续充电。

当你不再关注别人对你的看法，而更关注自己的状态时，那你就有可能开始一种崭新的生活，而渐渐地这种生活方式可能就会变成一种必要，甚至必然。实际上，当你关注到你与自己的关系时，你就已经在迎接新的生活了。

当你以你自己的感受为基础，以你自己的忠诚为支撑，以你自己的尊重为动力，即完完全全站在你自己的立场上，那么自我照顾就会成为你固有的一部分，而不是你应该做的事。这样一来，照顾你的那个你，与你所照顾的那个你就是同一个人。你就能把"对自己好"从你的任务清单中画掉，因为这个指令根本不再有意义，你绝不会忽视或拒绝自己的需求。因为你已经知道，关心自己是理所当然的，善待自己是不容商量的。到最后，你根本不需要专家（或便条）来提醒你关心自己。

当你读到这里，相信你已经知道：你不必按照社会灌输给你的错误信念生活了。旧有的社会系统会告诉你，你的感受和需求是有问题的，甚至你就是问题本身。但现在，你已经不必相信它了。而且，你不必觉得自己不够好，需要改进，或者从根本上有错。你也不必一直在外部世界寻找能使你更好、更圆满的人或事。尽管这是我们被灌输的所有错误信念的核心内容，但你不必为了满足自己的需求而成为别人希望你成为的人。那样的生活应该成为过去时。

觉察能带来自由：一旦你能看清楚你的固有模式，你就可以改变它；你可以创造一种不同的存在方式，一种不同的现实——一种你设计的生活，而不是一种设计你的生活。拒绝相信这些会禁锢你的迂腐信念，你就会积极地去建立新的自我照顾模式。

也许你并没有感到情绪疲惫，当然，并不是所有女性都会遇到这样的问题。如果你能由内而外地去照顾自己，那你的需求会以你意想不到的方式得到满足。此外，你会创造出新的生活，你不需要扮演角色、讨人喜欢或保持自身安全。没人告诉过你，那个"讨好的樊笼"的门其实是从里面打开的。当你走出樊笼，你会发现笼子外是一种新的生活，它比锁在里面的一切东西都更真实、更有活力、更自由、更让人充实。待在樊笼里所带来的安全感、被人喜欢所带来的安全感，将转变为一种新的安全感，即忠于自己的感受所带来的安全感。忠于自己的感受将会取代讨好别人，成为自我照顾的最可靠方式。

事实上，现在就是最合适的时机，试着说出你的感受，看到你的智慧，站在你自己的立场上，而且不要停下来……要持续说出你的感受，看到你的智慧，站在你自己的立场上。这是一项终身的练习，我们每天都要坚持。坚定地站在自己这一边，你就能找到滋养和活力的源头，你就能了解你自己。

现在，欢迎你回归自我。

致　谢

首先，我要感谢伊丽莎白·霍利斯·汉森（Elizabeth Hollis Hansen），你明白我对这本书的早期设想并一路支持我。也谢谢你，詹妮弗·霍尔德（Jennifer Holder），你为这本书提出了很周到的建议。感谢这一路与我同行的伙伴，布朗文·戴维斯（Bronwen Davis）、梅丽莎·麦库尔（Melissa McCool）、凯伦·格林伯格（Karen Greenberg）、安妮·雅布隆斯基（Anne Jablonski）、丽莎·帕特里克（Lisa Patrick）、乔纳森·萨克斯（Jonathan Sachs）和艾米·贝尔金（Amy Belkin），感谢你们的友情与支持。谢谢史蒂夫·威斯尼亚（Steve Wishnia）一直以来对我的帮助。杨·布朗森（Jan Bronson），谢谢你为我做的一切。弗雷德里克（Frederic），感谢你总是给我积极的回应和好的建议（但你知道的，我并没有全盘接受），很高兴有你的支持。谢谢我的女儿，朱丽叶（Juliet）和格雷琴（Gretchen）——你们在我心中占据了特殊的位置，我希望你们会成为新一代女性的领导者，有勇气说出自己的感受，而不仅仅是取悦别人。感谢母亲黛安·沙恩伯格（Diane Shainberg），你是我生命中的重要力量，在我迷惑时为我指明方向。还要感谢我的访谈对象们，感谢你们每天都给我以指引，打开我的心扉。